博瑞森图书 **BRACE**

企业阅读 本土实践

管理 · 人文 · 生活

中国
牧场管理
实战

畜牧业、乳业必读

黄剑黎◎著

企业管理出版社
ENTERPRISE MANAGEMENT PUBLISHING HOUSE

图书在版编目（CIP）数据

中国牧场管理实战：畜牧业、乳业必读/黄剑黎著. —北京：企业管理出版社，2017.6

ISBN 978-7-5164-1496-5

Ⅰ.①中… Ⅱ.①黄… Ⅲ.①牧场管理－中国 Ⅳ.①S812.95

中国版本图书馆 CIP 数据核字（2017）第 070118 号

书 名：中国牧场管理实战：畜牧业、乳业必读		
作 者：黄剑黎		
责任编辑：张 平 程静涵		
书 号：ISBN 978-7-5164-1496-5		
出版发行：企业管理出版社		
地 址：北京市海淀区紫竹院南路 17 号 邮编：100048		
网 址：http：//www. emph. cn		
电 话：总编室（010）68701719 发行部（010）68701816		
编辑部（010）68701638		
电子信箱：qyglcbs@ emph. cn		
印 刷：三河市文阁印刷有限公司		
经 销：新华书店		
规 格：170 毫米×240 毫米 16 开本 21.5 印张 250 千字		
版 次：2017 年 6 月第 1 版 2017 年 6 月第 1 次印刷		
定 价：98. 00 元		

导　读

　　牧场依靠什么发展？效益。效益从哪里来？管理。提升奶牛单产水平、提高鲜奶质量、降低饲养成本、转换经营模式等等，都离不开管理。

　　从南方到北方，我走访过30多家国内大、中、小型奶牛养殖牧场，感慨颇多。坦率地说，这么多年以来国内无论是大型牧场还是中小型牧场，只重技术而轻视管理的现象已是业界不争的事实。其实，国内奶牛养殖行业不缺技术，无论是牛舍设计、青贮制作、饲料搅拌、奶牛饲养、奶牛繁殖、奶牛防疫、奶牛挤奶等方面业已成熟。缺什么呢？缺管理，缺标准，缺执行，缺以人为本的管理格局和智慧，缺标准化的管理模式和操作规范。在我看来，技术是基础，管理是提升，技术与管理应该双管齐下，缺一不可。

　　2014年下半年以来，全球奶业进入不景气时期，奶制品需求减少。2016年上半年，冲击的影响力进一步从中小养殖户扩展到国内大型原奶牧场，包括现代牧业、西部牧业、原生态牧业等国内主要原奶上市公司都出现不同程度的亏损，原奶产业陷入危机。就连欧盟、大洋洲在2016年上半年，也达到75％以上的牧场出现亏损。由于受国外大包奶粉、奶制品低价冲击，国内原奶价格萎靡不振，限奶、倒奶、杀牛的惨状持续发酵，许多小型牧场、散户已纷纷退出奶牛养殖行业。

　　越是困难时期，特别是中小型牧场，内部管理越要被提到牧场发展的战略位置上来。

自我从事奶牛养殖以来，服务的这家中型乳品企业之前几乎每年都是亏损的，改革就成了必然。如何走？没有退路，只有前行。作为职业经理人的我在两年前进入岗位时提出了一系列经营管理方针，期间经过3个月的组织结构设置、人员整合培训、管理体系完善、牛群结构调整、日粮配方改善、供应商洗牌、管理细节管控、激励政策出台等变革，经过8个月的努力，2014年基本达到扭亏的目标，2015年效益甚为可观，2016年10月，已经完成全年利润指标。

以上这些管理方法，都会言无不尽地收录入本书中。本书在编写过程中，充分考虑人的因素。由于这直接影响牧场的显性利润和隐性利润，所以在组织结构设计、班组职能、岗位职责、薪酬福利、职称鉴定、绩效考核上用了较大的篇幅进行阐述，目的就是期望牧场把员工管理的文章做好，稳住牧场发展的基本盘。只有员工满意了，把知识、智慧、技能用于奶牛养殖上，才会以更好的工作态度和状态把奶牛养殖工作当成自己的事业来打造。让员工的价值观与牧场发展相匹配，让员工工作业绩与价值回报相关联。把合适的人放在合适的位置，让人才在牧场发展中增值，留住人才关键在留住人心。

怎么做才能达到精细化管理？本书中既有对牧场管理理念与方法的阐述，也参阅了国内众多专家在牧场管理工具和标准方面的一些做法，并系统提出了自己的牧场运营模式，始终遵循"人人头上有指标，人人头上一把刀，人人有事做，事事有人做"的原则，从牧场的管理标准、管理制度、操作规程做了深刻的剖析和指引。目前，通过这一系列的标准、制度、规程的完善和执行到位，笔者所运营的牧场都取得了较好的经济效益，有同行不断前来交流、学习。我想，这些做法对于国内牧场，特别是中小型牧场的规范管理，一定能起到很好的借鉴作用。

　　但愿本书能给已经在从事畜牧养殖管理岗位的同行或即将走上畜牧养殖行业管理者岗位的人士，从思想、态度、行为上带来强力震荡，使领导力、执行力、影响力得到全面升华。

推 荐 序

　　牧场的良性发展，一般经历九个阶段的管理变迁，俗称"九段管理"。从经验管理→效率管理→成本管理→质量管理→柔性管理→知识管理→文化管理→战略管理，由最初的目标管理→客户满意→效益管理→信誉保证→人本管理→知识分配→创新管理→文化战略→战略艺术，逐级提升，最后形成牧场独特的管理模式，才能实现牧场从经验管理走向战略管理，从目标管理升华为战略艺术，方可真正迈入现代化、科学化、信息化的管理格局。

　　黄剑黎先生在进入奶牛养殖行业前，任职皇氏集团股份有限公司人力资源总监，2014年5月份，转为分管该皇氏集团旗下的荷斯坦奶牛牧场，可以说是真正的外行人领导内行人；我不得不承认，在短短两年半的时间，黄剑黎先生就从一个门外汉，华丽转身成为牧场管理的佼佼者，牧场单产水平提高、奶源质量提升、饲养成本降低、精细化管理卓有成效，在国内奶牛养殖界很快脱颖而出，实属罕见。特别是2016年3月份以来，《中国奶牛》杂志、《中国乳业》杂志、《奶牛》杂志、《乳业时报》《荷斯坦微刊》《食悟微刊》连续发表和推送黄剑黎先生48篇管理文章，在国内奶牛养殖界掀起一种向管理要效益、牧场发展赢在管理的新气象。

　　本书分为三个部分，第一部分，立足管理变革，着重对国内奶牛养殖行业现状做了深刻的分析，观点独到，一针见血；同时也系统提出了牧场管理的理念和方法，其个人让牧场扭亏为盈的心得体会，以及牧场的人才培养、节本降耗、整体运营思路，让人耳目一新，叹为观止。

第二部分，首先，强化人力资源体系建设的重要性，特别是牧场组织结构设置、班组职能分配、岗位职责配置、薪酬福利管理、技术职称鉴定、KPI 关键绩效指标设置及考核，可谓纲举目张，令人信服；其次，针对牧场精细化管理所囊括的物资采购、验收检验、质量标准、仓储管理、舒适度管理、牛只淘汰管理等，实现了牧场管理的闭环，流程链接，环环相扣；最后，对牧场管理制度、操作规程，都实现了 ISO9001 国际质量管理体系标准的要求，规范、流程、记录完善。

第三部分，主要提出牧场文化建设的重要性，有理有据，切实可行，提倡团队合作精神，并将员工个人的成功与牧场的发展融为一体。牧场文化也是牧场经营管理的指导思想、商业哲学、思想境界和理想追求，是牧场的精神风貌和人文风气，是牧场的精神、力量、信念、感召力、凝聚力、向心力的统称，是牧场价值观的最高表现和灵魂体现。

本书既有管理理论和方法，也有实操和标准，可谓理论与实践的完美结合，无愧为实用型、务实型、创新型的牧场管理教科书，对提升国内牧场的核心竞争力和打造精细化管理的目标，具有很高的参考价值。

多年以来，国内牧场重技术轻管理的短板，必须加以变革，彻底颠覆传统粗放型的管理模式，高度重视在牧场管理中"人"的价值体现，人才是根、管理是本，向科学要发展，向管理要效益，都离不开"人"的因素。

原地踏步、画地为牢是大忌。求变是牧场发展的方向，维稳是牧场生存的基石，稳中求变，变中促稳。在我看来，本书的出版，对从事畜牧养殖管理岗位的同行或即将走上畜牧养殖行业管理者岗位的人士，必将带来强大的震撼力和冲击力。

专此推荐。

国家现代奶牛生产技术体系首席科学家

中国农业大学动物科学技术学院教授、博士生导师

动物营养学国家重点实验室副主任

中国农业大学中美奶牛研究中心主任

2016 年 11 月 11 日

致力成为奶牛养殖行业的
智者和导师

国内奶牛养殖行业的管理者，绝大多数都是从技术岗位提拔上来的，没有经过专业的管理知识和管理技能的系统培训，不能充分认知到位和懂得从事计划、决策、组织、协调、指挥、控制、领导、人事的岗位职能，不善于运用 5W3H 的管理思维和 PDCA 的管理循环。

作为一个优秀的牧场管理者，核心任务是领导、激励下属团队向明确的目标努力，把领导力、执行力、影响力这三大管理利器了然于胸，运用自如，明确了解本牧场的所有岗位任职资格，清楚把握每个团队成员的工作能力及其优缺点，工作心态是否稳定，才能够有效掌控整个团队的工作效率，确保完成工作目标。

作为非人力资源管理者，也必须充分认识人力资源管理是牧场管理的一个重要组成部分。概括地说，它是为了实现企业战略目标，通过一整套科学有效的方法，对牧场全体人员进行有效的管理。全面统筹规划牧场的人力资源战略，竭力开发人力资源，为牧场经营发展提供人力资源支持与保障，建立并完善人力资源管理体系，促进牧场经营目标的实现和企业的长远发展。因此，对牧场管理者必须进行管理理念、知识、技能、方法、工具、团队建设等方面的培训，使之快速成长起来。

人们常说，态度决定一切。这句话无疑是对的，但我要说，只有真正进入工作状态并痴迷于这份工作，才有可能全力以赴，调动所有的潜能、智慧、知识、能力、资源去从事这份工作，并最终取得成功。

我常常自我剖析，是什么诱因让我对从事奶牛养殖如此眷恋和痴迷，并愿意在这个行业扎根、深耕？尽管奶牛养殖所需要的自然条件、饲料资源、硬件基础尚且如此艰苦、匮乏、欠缺，我还是一如既往，有以下6个因素：

因素一：喜欢简单、直爽的人际关系。

自从从事奶牛养殖行业后，参加过数次奶业大会、研讨会，参观考察20余个规模牧场，也在哈尔滨、天津、福州、泰安、广州等地做经营管理讲学，结识不少南方、北方的奶牛养殖同行，给我最大的感触就是"全国养牛人是一家"的理念根植于养牛人的脑海。在这个大家庭里，养牛人显得格外简单、朴实、真诚、善良；一心一意从事奶牛养殖事业，心无旁骛、任劳任怨；做人诚实、朴素，没有很深的城府；同行之间坦诚相待、互帮互助、交流经验；心地纯洁、纯真温厚、坦率爽朗。

全国与奶牛养殖相关的微信群不下200个，我个人就被邀请进入100多个"牛人群"，有关于设备供应商的、粗精饲料采购的、青贮制作的、奶牛饲养的、疾病防控的、繁殖繁育的、行业资讯的、技术交流的、管理研讨的、社会公益的……无论你有任何信息需求或希望得到任何帮助，只要你在群里发布信息，马上会有若干人为你提供资讯、解答、出谋划策，你永远不会感到迷茫和孤单。

因素二：敢于挑战、突破陌生的行业。

每天打开手机，第一件事就是点击微信进入"订阅号"。《乳业资讯网》《奶牛微刊》《乳业时报》《荷斯坦》《食悟》《爱牛奶》等订阅号发布大量关于奶牛养殖行业的交流大会资讯、奶牛养殖政策、典型牧场养殖经验介绍、养殖技术推广、管理经验分享等信息，让你感觉中国奶牛养殖庞大的专家团队仿佛就在你的身边。置身奶牛养殖行业，真的是一种幸福与荣耀。

《中国奶牛》杂志、《中国乳业》杂志、《奶牛》杂志、《乳业时报》《荷斯坦》让你爱不释手，反复研读，深深融入奶牛养殖的氛围和环境当中。就连我这个半路出家的奶牛养殖管理者，也很快融入这个行业中，站在另一个角度审视奶牛养殖行业，乐意去剖析、参悟此行业的经营管理之道。

因素三：崇尚高效、规范的运营机制。

现代养牛可是个细活，散户、小牧场逐步退出奶牛养殖行业，随之而来的是规模化、集约化、规范化、程序化、机械化的循环经济牧场。它集牧草种植、奶牛养殖于一体，转型升级、节能降本，蔚然成风完全颠覆和打破了传统的单一养殖模式。

奶牛养殖要取得良好的经济效益，除在技术上精益求精外，在管理上也要精细化运作。人员管理、设备管理、牛只分群、营养配方、饲料制作和检验、储存和保管、TMR（Total Mixed Rations，全混合日粮）搅拌和投喂、繁殖繁育、疾病防控、挤奶操作、DHI 检测、菌落和体细胞检测等，每个环节，环环相扣，从计划、执行、检查、改善上进行闭环式管理，狠抓细节和过程管控。任何一个环节出现问题，都会导致连锁反应。我个人崇尚高效、规范的运营机制，实施管理标准化、规范化、流程化、数据化，把日常工作与目标管理充分融合，把绩效考核作为管理工具。人人有目标、事事有标准、管理不漏项。

因素四：乐于公关、处理复杂的事件。

在我看来，牧场岗位人员涉及全面，有场长、技术主管、生产主管、饲养班、挤奶班、繁殖班、兽医班、营养配方师、饲养员、繁殖员、兽医员、挤奶员、仓管员、数据分析员、行政人员、财务会计、出纳员、TMR 司机、清粪员、保安员等，五脏俱全。

内部成员的招聘、培训、考核、薪酬、福利、劳资关系都需要处理妥当，把合适的人放在合适的位置，为牧场管理者和员工规划职业生涯，自上而下形成牢不可破的价值链，让每个管理者和员工有归属感、敬业感、责任感、使命感，在奶牛养殖行业成就事业与发挥价值。牧场的外部关系也不可忽视，与水产、牧业、兽医、防疫、环保、卫生、电力、周边村民的关系，处理起来也需要花费大量精力和时间。哪个部门协调、沟通不到位，都会带来工作上的不畅。特别是与周边村民关系，处理不好，堵门、拦路、偷盗事件不可避免，直接影响经营管理，导致牧场经济损失。

因素五：内心敬畏、尊重奶牛的价值。

对奶牛的敬畏、尊重是我真正接触奶牛养殖工作以后产生的强大内心感受。世界上没有任何一种产品能与牛奶在营养价值上相提并论，对人类增强体质功不可没。因此，我们尽最大可能给奶牛创造舒适的环境，提供干净卫生的水源、优质的饲料。

如果饲养技术精湛、管理体系规范、繁殖繁育科学、疾病防控到位、防暑降温得力，把奶牛当人来对待，善待奶牛、爱护奶牛、尊重奶牛，奶牛一定可以回报我们可观的经济效益。特别在我们南方高温高湿地区，由于自然条件恶劣，硬件投入不足，防暑降温压力重重，看到奶牛采食量不足、躺卧不足造成反刍不够、趾蹄不健康、蚊蝇骚扰……心疼不已，唯有竭尽全力才能解决这些问题。

因素六：乐于奉献、分享管理的精髓。

从事奶牛养殖管理工作后，下牧场监督、检查、交流经营管理和饲养技术，从书本读来的、从专家处学来的、与同行交流获得的，都深深烙在脑海，反复咀嚼、消化。两年下来，40余篇经营管理文章，在《中国奶牛》杂志、《中国乳业》杂志、《奶牛》杂志、《乳业时报》及《荷斯坦》《食悟》自媒体发表和推送，在奶牛养殖行业颇具影响力，读者反响强烈，被赞誉是接地气和可执行的管理理念、方法和工具，被天南地北的各类微信群转发和推崇。我想，这也是一种成就感和价值感吧。爱一行专研一行，爱一行成就一行，我管理的牧场经济效益蔚为可观，这也是人生价值的体现吧。

或许，我成不了奶牛养殖的技术专家，但我一定在奶牛养殖的过程中，加强精细化管理，督促牧场管理者和员工，把各项工作做到极致，把奶牛养殖工作当作一项无上荣光的事业来打造，在奶牛养殖行业，实现自己的人生目标和崇高理想。

我想，我已成为一个名副其实的牛痴了。但这远远不够。我的更高目标是成为奶牛养殖行业经营管理中的一名智者和导师，为中国奶牛养殖行业的发展，无私奉献自身所学的知识和技能，牵手同行，无所畏惧，戮力前行。

打败你的不是对手，颠覆你的不是同行，甩掉你的不是时代，而是你落后的思维、观念、方法。成功不是不可能，关键在变革！

是为序。

目录 contents

第一部分 管理理念与方法

第二部分　管理工具与标准

第三部分　文化建设

『第一部分』 管理理念与方法

人生是一个竞技场，有的人成功，有的人失败，有的人随波逐流。俯仰自如，是一种成熟，一种境界。我们都是人世间的匆匆过客，或雁过留声，或昙花一现，或惊天动地，或默默无闻。人世间有些事，我们不想做却不得不做，那就是责任；人世间有些事，我们想做却做不到，那就是命运。做一只鸿雁吧，自由自在，翱翔蓝天，南来北往，都是寻找生命的栖息地与真谛；逆风飞扬，那是一种迎难而上的勇气与境界。

［ 第 一 章 ］

破茧成蝶——管理变革篇

第一节　十面埋伏下，中国奶牛养殖如何闯过鬼门关

时下，在各纸质媒体、电子媒体及与奶牛养殖有关的微信群、朋友圈里，大家都在讨论，中国牛奶的春天在哪里？中国奶牛养殖的出路在哪里？似乎大家都被目前的困难所笼罩，悲伤的情绪溢于言表，风声鹤唳之势如同雾霾在北方的上空弥漫。

面对牛奶价格的一路下滑，奶源收购条件一路飙升的状况，原来高唱凯歌的小牧场似乎哀声一片，就连规模牧场也尝到举步维艰的个中滋味。中国奶牛的养殖真的到了穷途末路还是预示着黎明前的黑暗？是洋奶粉冲击大陆市场背后引发的困境还是奶牛养殖业发展过程中的必然规律？

中国奶牛养殖想在当前的窘境下杀出一条血路，就必须有水滴石穿的坚持和脱胎换骨的蜕变。破茧成蝶抑或坐以待毙，除了心态还有智慧，既要有视野，还要有格局。

一、无序扩张是诱因

我们必须清晰地意识到，国内在土地资源先天不足、饲料资源单一贫乏、运输成本逐年高昂、管理经验较为欠缺、技术水平有待提高、奶业信誉一路下滑等条件下，从事奶牛养殖行业，确实需要

魄力和坚忍的精神。奶牛养殖业相对欧美国家而言，我们更是在从事一项为提升国民身体整体素质的工程，而不是短期的投机行业，因此，奶牛养殖需要从养殖目的性、盈利性、风险性、持久性等方面做好修炼。

盲目投资扩展，动辄几千头、几万头的大规模牧场，在前几年如雨后春笋般涌现，似乎牧场规模不大就没有实力，养奶牛必然赚钱的理念在作祟。结果呢，饲料采购成本、饲料运输成本、土地租赁成本、财务管理成本、生物资产折旧、设施设备折旧、牛舍建筑折旧成本高昂，环境保护监测无法过关，牧场压力不堪重负，周边居民怨声载道。

二、基础不牢是根源

饲料配方的科学性、饲料营养的合理性、饲养过程的规范化、奶牛繁殖的护理、奶牛疾病的防控、挤奶的规范流程、围产期牛与产后牛的护理、犊牛与育成牛的培养、TMR 的管理、奶厅的管理等，所带来种种问题的解决对策，需要理论与实践的完美结合。

在洋奶粉还没有大规模进军国内市场初期，很少有牧场去关注饲料投入与产出的因果、产奶量与利润的平衡、显性利润与隐性成本的关系、进口饲料与本土资源的结合、经营管理人才的稳定与流失、技术水平与管理能力的结合、自然条件带来的应激病症、奶源的卫生质量等问题。如今，在洋奶粉低价登陆国内市场后，真正感受到"狼来了"。

上述问题所暴露出来的短板，开始考验养牛人的综合能力与承受能力。不少盲目投资的牧场，在各类问题堆积如山后，无法解决所带来的后果，令人唏嘘不已，抗风险、抗压力的能力暴露无遗。

三、市场变化是趋势

"三鹿"奶粉事件所带来的不仅是国人身体上的创伤，更是情殇。近年来，陆续出现的牛奶质量事件使国人对国内奶粉和液态奶的信任度降至极点。WTO的规则无法阻止国外的奶粉和液态奶乘势而入，攻城略地。国外产品的低价格和高品质让国内奶粉和液态奶生产商无法与其博弈，造成国内奶粉和液态奶市场空间被快速蚕食和挤压。国内乳企失去竞争力，反过来因减少生产而波及上游奶农，倒奶和杀牛事件自然不可避免。

纯粹把责任归于乳企并不客观。有的牧场不注重奶源品质、不懂经营管理，造成成本居高不下，提供的液态奶品质较低而价格高于国外液态奶。奶量收购数量被限制、奶源质量被要求更高，也是乳企必然要面临的抉择，毕竟家家有本难念的经。

四、再造信念是必然

当前牧场所面对的问题，需要我们从根本上去梳理奶牛养殖的必须跨过的几道门槛：如何走出一条种植、养殖、加工、运输、销售联动的产业化路子？如何通过节能降耗控制成本？奶源质量如何提升竞争力？如何解除国人对国内奶粉和液态奶的信任危机？摆在面前的几道坎，绕不过去就应该静下心来思考对策和应对挑战。

从奶牛养殖的战略层面要清晰意识到，投资牧场的机遇与风险是并存的，因此专家们提出的种养结合、产业联动是一条科学的、合理的、客观的新策略，纯粹为养牛而养牛的模式必将成为历史。通过构建科学的人才管理机制、培养机制、责任机制、运行机制、评估机制等，做到人尽其才、才尽其用，让每一位员工参与到经营管理中来，吹响严格控制成本的集结号。靠粗放管理，单一靠产奶量来拉动利润的模式已经走到尽头；通过提升牧场内部精细化管理，降低损耗，降低各项运营成本，提高奶牛的品质和使用寿命；摒弃高投入高产出和高淘汰率来盲目增产的观念；政府加大对原奶的管控；乳企提升牛奶的品质并以合理的价格销售；奶农不断进行饲料本土化的改造；饲料和设备供应商挤出水分降低利润……

　　洋奶粉、洋液态奶价格走低这一趋势，或许还会在很长一段时期内存在，抢滩国内销售市场的力度也会更加强烈。乳企怎么办？国内乳业大鳄早已闻风而动，自建牧场，实现"种养＋销售"整个产业链的无缝连接，产品差异化经营已是不二选择。奶农怎么办？政府出面宣传巴氏奶的益处，乳企和奶农达成利益共同体，牧场和供应商抱团取暖共渡难关。多方面着手营造共同的价值观趋向，国内的乳企、牧场才能拧成一股绳，形成一种合力，达成"一荣俱荣，一损俱损"的共识。如真能做到这一步，奶农何愁没有希望和未来。

第二节 大型牧场遭遇"滑铁卢"，如何破解乳业困局

打开与乳业有关的纸质媒体、微信公众号，刺激眼球最多的就是报道奶牛养殖、乳品销售惨烈的资讯。现代牧业、贝因美"滑铁卢"的消息，确实让人大跌眼镜。国内各种媒体报道很多，大都站在同情的立场，媒体能否真正揭示其发生的本质原因，以正视听？看多了，没病也要急出病来。国内奶牛养殖、乳品加工真的走到了穷途末路吗？

我们举个行业之外的例子，房地产行业好做吗？这几年好像不好做，卖不动。卖不动还在大量开发新楼盘，开发商脑子真的进水了？没有。你卖不动，不等于别人卖不动，关键是谁在卖，怎么卖。

回到奶牛养殖行业，前几年奶价好，亏吗？结论是：有人赚，有人亏。这两年奶价下行，所有牧场都亏吗？不是，还是有人赚，有人亏。

一切都解释清楚了，只有倒闭的牧场，没有倒闭的行业。看问题，还是要揭示其本质。谁强迫你一定要去养奶牛？就像炒股，明明知道入市有风险，偏偏还要往里钻。

没有乳品加工业的强大，就没有奶牛养殖业的发达。振兴中国奶牛养殖业，必须把乳品加工业的信誉、品牌、质量放在首位，必须提振国人消费国产奶粉、液态奶的信心。国内市场远远没有饱和，真正需求奶粉、液态奶的市场还有很大的需求空间。我们的问题出

在供给侧，畸形的加工和养殖发展模式、频发的质量和安全事故隐患、想喝牛奶却喝不到牛奶的怪象。

奶牛养殖困局究竟如何破解？

从奶户层面，我们要自己搞清楚为什么要养牛？真心在养牛吗？里面有没有玄机？任何行业都有风险、危机、转机、机遇，抱怨解决不了问题，还是老老实实回到事情的本质上，看看养牛的初衷吧，想想问题点究竟出在什么环节上。与其在抱怨声中碌碌无为，不如校正心态，积极应对各种问题。所有的抱怨都是在浪费时间。你不能改变环境，不能改变四季的变换，但你能够改变自己。不是吗？

从产业层面，上海奶协、江苏奶协、广东奶协等省的协会做法是值得学习的。奶协把奶农、乳企拉到桌面一起交流、沟通，把游戏规则制订好，说明原奶的价格差异由什么决定，只要原奶质量、理化指标达到标准，乳企就不能拒收。白纸黑字，讲得清清楚楚、明明白白。于是乎，奶农放心养牛，把牛养好，把品质做好，心无旁骛；乳企奶源保障到位，认认真真、开开心心去研发、加工、宣传、销售牛奶产品。奶户、乳企握手相拥，履行承诺，皆大欢喜。上海、江苏、广东等地奶户倒奶了吗？杀牛了吗？亏损了吗？没有。

从供应链层面，牧场设计商、饲料供应商、设备供应商、大小的牧场已经行动起来了。牧场设计不再是拿来主义，那不是中国特色，不完全符合中国国情；舶来的奶牛，也不再不分地域、不顾自身条件使用同一配方了；设备模仿不是坏事，我们也开始创新突破了；规模化、集约化、现代化、资源节约型、环境友好型养殖观点开始普及天下，遥相呼应。

从国家层面，政府提出的"粮改饲"策略可谓是给奶农带来的一个利好举措。"粮改饲"策略既是调整种植业结构、推动粮食

"去库存"的种业切入点，又是推动草食畜牧业"降成本，补短板"，优化畜禽养殖结构的重要着力点。

2016 年，国家财政拨付 10 亿元，在"镰刀弯"地区和黄淮海玉米主产区等区域的河北省、山西省、内蒙古自治区、辽宁省、吉林省、黑龙江省、安徽省、山东省、河南省、广西壮族自治区、贵州省、云南省、陕西省、甘肃省、青海省、宁夏回族自治区、新疆维吾尔自治区等 17 个省 121 个县试点，效果显著，对降低奶牛养殖成本、提升生鲜奶竞争力起着巨大的推动作用，有着深远影响。政府出面，确定奶业发展目标和重点任务，指导全国奶业持续健康发展；落实好奶牛标准化规模养殖、良种补贴、生产性能测定等政策，推动奶牛养殖适度规模化标准化发展；广泛宣传奶业发展的新成就和乳品良好的质量安全状况，组织开展奶业公益宣传推介，普及乳品营养知识，培养消费习惯，提振消费信心，促进国产乳制品消费。真正让老百姓提升对国产奶制品的信心，能喝上放心奶。

现代牧业、贝因美的"滑铁卢"，有果必有因；科学的产业布局、合理的产业结构、理性的规模扩张，淡化资本逐利，坚守产业报国，是国内奶牛养殖的大格局、大智慧；重视危机管理，刻不容缓，去伪存真，此乃上策。国内奶牛养殖业，该警醒了！

第三节 牧场运营，不只是
饲养水平高低

毋庸置疑，在国内奶牛养殖界，有很多能人、高手。他们经验多、能力强、技术专、资讯广，但一直没有把智慧、才华、技能充分发挥出来，一直在行业处于"游离状态"。我这样说，不是不承认他们的水平和能力，而是想提醒，奶牛养殖行业应该提升整体运营顺畅，不只是饲养水平高低。

观点一：只重表象，本末倒置。

牛舍规划、牛群舒适度、日粮配方、青贮制作、TMR 搅拌、挤奶操作、繁殖育种、疾病防疫、污粪处理等，各类奶业大会、各类奶牛业大会、各类养殖技术会……讨论来讨论去、研究来研究去，都是上述技术问题。大咖云集、专家登场、官员站台，似乎奶牛养殖只要技术问题解决了，一切都迎刃而解。真的是这样吗？

举个例子，牛舍应该怎么规划？人类在建筑房屋时，首先考虑的是朝向，通风、光线、冬暖夏凉，追求的是什么？健康、舒适。在牛舍设计时，必须要考虑这些因素。南方、北方气候条件不一样，土地资源不一样，政策扶持不一样，北方天冷干燥、南方高温高湿，而我看到的更多是一个模子套用得多，忘记投入产出成本，一味追求高大上。我想问，牛舍建筑是考虑人的因素多，还是牛的因素多？是给人舒适，还是还原牛的本性？换位思考，奶牛养殖的主体是奶牛，不是人。如果人舒服，牛就不一定舒服。养牛、养牛，养的是牛，千万不要本末倒置。

观点二：只重技术，轻视管理。

这点在很多牧场得到验证，我也曾经跟很多牧场主交流，谈来谈去，扯来扯去，还是停留在奶牛养殖的问题上，很少谈到实质上，即到底谁在创造效益？

有人可能会说，把奶牛养好了，效益就出来了。我要说，不，只有把人养好了，才能把牛养好。为什么这么说？日粮配方、青贮制作、TMR 搅拌、挤奶操作、繁殖育种、疾病防疫、污粪处理等，这些工作谁来做？是奶牛自己吗？不，是人。

日粮配方是否科学、青贮制作是否保质、TMR 搅拌是否到位、挤奶操作是否规范、繁殖育种是否合理、疾病防疫是否准时、污粪处理是否环保，这些因素都会直接影响显性利润和隐性利润，所有这些工作都是人为的。所以，必须解决好人的问题，比如招人、育人、用人、留人的机制。人的价值认可、利益分配等，需要人力资源管理、目标管理、绩效管理、团队建设、人文环境、激励机制、检查机制、改善机制等的完善和健全。只有人满意了，人才会把知识、智慧、技能用于奶牛养殖上，才会有好的工作态度和状态，才会把奶牛养殖工作当成自己的事业来打造，才能把正确的决策不折不扣执行到位，才能通过奶牛养殖的精细化管理创造更大的业绩。人，也只有人，才是真正创造财富的主体。

观点三：只重眼前，漠视长远。

奶牛养殖是一项长期、长效工程，为什么要养牛？赚钱。估计很多人都是这个答案。我要说，对，也不完全对。奶牛养殖首先要有个大战略、大格局，奶牛养殖是一项长线发展的事业。想追求短、平、快的发展，就不要去养奶牛，养奶牛更多的是需要信念、爱心、恒心、毅力。

从另一个角度来说，奶牛养殖也是一个健康产业。牛奶所含的营养成分是其他任何产品所不能匹敌的，目的是提高人类健康指数。因此要有爱奶牛、耐寂寞、经折腾的心理准备，改良和优化品种非一日之功，获取更高利润非短期行为，科学饲养、合理规划，延长奶牛创造价值的寿命，而不是凭借一些所谓的添加剂，违背奶牛的自然生长规律，强行向奶牛索取回报，忽视奶牛健康，不计成本地高投入，拔苗助长，杀鸡取卵，得不偿失。没有大爱、没有恒心、没有毅力，就是不懂经营。

你，真的懂养殖奶牛吗？没有搞清楚以上这些问题，你还是处在奶牛养殖行业里的"游离状态"。

第四节　中国奶牛养殖
如何走出新出路

中国奶牛养殖如何走出一条新出路？各类观点铺天盖地层出不穷。关键问题解决了吗？没有。牧场建设、饲料结构、饲养技术、污粪处理……照搬照抄的拿来主义还是占据上风。

是国人无能吗？肯定不是，连航天器国人都能造出来。是国人懒惰吗？肯定也不是，养牛人起早贪黑任劳任怨。那是什么原因？是没有将奶牛养殖当真正的长远事业来打造。

一、奶牛养殖需要循序渐进

赚钱的门路很多，为什么要偏偏选择养殖奶牛？估计很多人心里都有说不出的痛。毋庸置疑，一部分人是真心把奶牛养殖当一项事业来经营，一部分人是因为看中政府的补贴政策才闯进奶牛养殖圈，还有一部分人是看别人养殖奶牛赚钱了就懵懵懂懂跟着进来了。

无论何种原因进入奶牛养殖行业，都可以理解。殊不知，奶牛养殖是一项长线发展的行业，进来容易，退出凄凉。国外奶牛养殖是可以传承的产业，规模不大、土地广袤、饲料丰富、技术娴熟、管理科学，有信念、爱心、恒心，有充分的爱奶牛、耐寂寞、经折腾的心理准备。

二、奶牛养殖需要抗压能力

任何行业的发展，都有高峰和低谷期。李嘉诚有句名言：旱时，要备船以待涝；涝时，要备车以待旱。深谙经营之道的李嘉诚之所以叱咤商场数十年，一直立于不败之地，他的经营哲学可谓入木三分。

回过头来说说奶牛养殖，2014 年上半年以前，国内原奶价格高昂，几乎谁养牛谁发财，乱养乱发财。于是乎，5000 头牧场、10000 头牧场应运而生，不弄个规模化牧场，不整个千把头奶牛，几乎抬不起头。雄赳赳气昂昂，饲养成本几乎没几个人认真思考，更加不理会管理之道。

谁知道，好景不长，一场降价、限购风波来袭，仿佛大厦将倾，才知道，原来奶牛养殖也有风险存在。

三、奶牛养殖需要风险预警

养殖奶牛就一定会赚钱吗？2014 年上半年以前，几乎没有谁会提出"危机意识"，更谈不上"危机管理"。任何产业的发展，都要符合国情、适应地域，不假思索，拿来主义，不因地制宜、不量身定做，一味崇洋媚外，怎么没有危机？为此，建立一套规范、全面的危机管理预警系统是必要的。

四、奶牛养殖需要多方努力

在目前奶牛养殖的困难期，提升生产效率、提高科技含量是奶牛养殖牧场发展的重中之重。提升生产效率、提高科技含量不是简单地降低饲料成本，利用低质、价廉的饲料来调配日粮。以牺牲奶牛健康来降低成本的做法，得不偿失；也不能因为奶价低就人为降低设备保养和维护成本，该保养不保养、该维护不维护，只会出现更大的危机，也不可行。

现阶段关注饲料品质，促进饲料利用效率，科学配置进口饲料和本土饲料，做好设备保养维护，降低乳房炎和肢蹄病，以及在犊牛饲养和后备牛留养、在成本投入和牛奶产出上更加计算精确，特别是对本土饲料资源的充分利用，方为上上策。

国内新闻媒体时刻关注国外奶粉、液态奶、饲料价格行情及奶牛养殖动态信息，及时预警；政府出台惠及奶农补贴政策，倡导巴氏奶的益处、广为宣传，加大复原乳和洋奶粉的监测和检查；奶业协会、奶业联盟、奶业合作社等机构，多为奶牛养殖牧场、奶户出谋划策，转型升级、节能降耗、科学饲养、培训人才，提升竞争力。牧场和奶农与时俱进，进行产业转型和升级，种养加结合，多头并进，并驾齐驱。

近期看到国家领导人密集造访蒙牛、飞鹤、伊利等乳业的报道。领导们说的话，落地有声、振聋发聩、发人深省、耐人寻味，既肯定了国内乳企的管理、技术、质量，又寄予了殷切期望。话里话外隐藏着深刻含义，我想国人已经嗅出春天的信息。这是喜讯，也是暗示，更是警示。民富国强，这是铁律。同样，国内如此庞大的奶牛养殖阵营，政府岂能熟视无睹？国家领导人的肯定，犹在耳边回响，余音绕梁。

没有乳品加工业的强大，就没有奶牛养殖业的发达。振兴中国奶牛养殖业，必须把乳品加工业的信誉、品牌、质量放在首位，必须提振国人消费国产奶粉、液态奶的信心。国内市场远远没有饱和，奶粉、液态奶的市场还有很大的需求空间。我们的问题出在供给侧，畸形的加工和养殖发展模式、频发的质量和安全事故隐患、想喝牛奶却喝不到牛奶的怪象，真是一语道破天机。

行业自律是根基，政府监管是利器，舆论监督是工具，三者形成高压态势，让不良乳企、不法商贩、不守规矩的牧场无处遁形。

乳企强，则奶农强；乳企富，则奶农富。这是基本的生存哲学，并不复杂。奶农提供价优质美的奶源，乳企生产安全放心的乳品，老百姓喝上安全、放心、价优的牛奶，从源头打造达到甚至超越欧美标准的产品，何愁没有竞争力和美誉度？

除了质量以外，牛奶价格是绕不过去的一道坎。所以，有关牛奶产业的上游、下游牧场，必须实实在在做好利润这篇文章。如果大家利润都是你高、我高、大家高，结果就是把消费者晾在高空。如果形成利润你让、我让、大家让的格局，那么，就会让出一个乾坤朗朗的大市场，消费者肯定伴随我们的国产牛奶从婴儿走到老年。民族品牌的乳业，何惧竞争？如此，善莫大焉。

第五节　危机管理是奶牛
养殖业抵御风险的利器

牛奶价格继续一路下滑，原来高唱凯歌、业绩辉煌的牧场，也似乎难以看到过去喝着小酒、哼着小曲的场面了，眉头紧蹙、勒紧腰带、满脸疲惫，这种状况，着实让人心痛。特别是看到猪肉价格一路高歌猛进，昔日还在暗自窃喜没有投资生猪养殖业的心态，被残酷的现实击得头破血流，那种滋味难以言喻。

略微分析了一下，国内奶牛养殖业及关联产业大致出现以下几种情形：

（1）专业奶牛养殖场。规模化牧场凭借雄厚的经济实力，以批量采购饲料、添加剂、冻精、药品、药浴、机器设备的优势，在成本控制方面还有较大优势，加上经营战略方向正确，精细化管理规范，节能降耗体系完善，单产高、质量佳，生存下来暂时没有问题。规模小的牧场或小规模奶农，养殖技术欠缺、管理水平较低、成本控制不力、单产水平不高、奶源质量不佳，确实难以为继，苦苦支撑已经捉襟见肘。

（2）生产资料供应商。奶价风波波及的不只是牧场和奶农，就连关乎牧场设计、粗精饲料、添加剂、冻精、药品、药浴、机器设备供应商等，也是躺着中枪，一片凄凉。如今，北方奶牛养殖规模不再突飞猛进了，在部分牧场、奶农关门大吉的态势下，原来不看好的南方市场，再也不敢视而不见了，不在乎量大量小，能杀进牧场分一杯羹就好，盈利或多或少，有总比没有强。

（3）奶牛渠道供应商。在北方、南方牧场无序扩张时期，无论是进口奶牛还是国产奶牛，都是牧场的宠儿。议价权基本是奶牛供应商掌控，吃香的喝辣的、高唱凯歌，价格稍微降一点，还要看你是兄弟。现在呢？进口的、国产的奶牛供应商再也不敢造次了，循规蹈矩去投标，能中标的欢呼雀跃，未能中标的垂头丧气。进口荷斯坦带胎牛一头 14000～15000 元也能卖，国产荷斯坦带胎牛一头 11000～12000 元随你挑。

为什么中国奶牛养殖业会走上这样一条黯然神伤、欲哭无泪的囧途？这层面纱已经揭开，我研究了大量的资料、资讯，得出的结论是：国内奶牛养殖没有"危机管理"。

什么叫危机管理？危机管理是牧场为应对各种危机情境所进行的规划决策、动态调整、化解处理及员工培训等活动过程，其目的在于消除或降低危机所带来的威胁和损失。危机管理是专门的管理科学，是为了对应突发的危机事件，抗拒突发的灾难事变，尽量使损害降至最低点而事先建立的防范、处理体系和对应的措施。

2014 年初，洋奶粉开始以低价大举进攻国内市场，几乎一夜之间，遍布大江南北、城市乡村的超市，各种洋奶粉的专卖店大有千树万树梨花开的架势。国内乳品加工牧场闻风而动，开始囤积大包装奶粉，以复原乳的形式降低经营成本。而国内奶牛养殖业，还沉浸在前几年的喜悦当中，反应迟缓。

国内乳企巨头反应快速，发现大事不妙，纷纷迅速调整战略，抢滩国外奶牛养殖业，或收购或兼并国外大型牧场，以土地成本、饲料成本、规模效应等优势，获得价格较低的新鲜奶源，于是乎国内开始出现限量收购牛奶。特别在北方的奶牛养殖大省，有的牧场或奶户因入不敷出，开始发生杀牛、倒奶事件。一经媒体、网络、微信、朋友圈等形式传播，越演越烈，一片凄惨。

2015 年、2016 年，全球经济复苏缓慢，中国放缓经济预期，大宗商品大多延续颓势，在这样的大背景下，全球乳品市场难以独善其身。国内消费放缓，国际全脂奶粉价格持续走低，国内乳品加工厂持续囤积。

目前，在生产液态奶的许多乳企，复原乳成了当家产品。国内奶粉生产商迫于各种舆论、合同、干预，只好把低价收购的生鲜奶进行喷粉，表面上有产品价值，实质根本无法投放市场，只要投放必然亏个底朝天。

为啥？进口奶粉目前只有 12000 元/吨，按 8∶1 的比例计算，8 吨生鲜奶才能喷出 1 吨全脂奶粉。即使是价格低廉的北方，生鲜奶也要达到 3000～4000 元/吨，如此差异，谁敢投放市场？

乳企以降价、限量、提质三招把奶牛养殖行业逼进死胡同。昔日"有奶为王"的奶农再也挺不起腰杆了，身份开始逆转。原来习惯了喘大气的奶农，现在开始低声下气了，也开始演变成怨声载道，指向政府、责怪乳企，好像都是别人的问题，自己是受害者。

受国际奶粉、生鲜牛奶价格影响，国内消费者本已逐渐对国产奶粉、液态奶开始恢复的信心被击得粉碎。国产奶粉、液态奶尽管已降低利润空间，拼命促销拉动，也挡不住销量持续下滑的态势。自身难保，乳企又能怎么办？总不能不活吧。

问题已经实实在在地发生了，狼已经大摇大摆来到了身边，怎么办？怎么办？怎么办？

终于，有识之士出来解围了、出招了，大会也好、小会也罢，提高单产、提升品质、节能降耗、种养结合、创建奶吧……各种观点、主张出来了。规模牧场、小型牧场、散户奶农似乎在黑暗中看到了一丝曙光。

其实，我今天要表达的观点是，危机并不等同于国内奶牛养殖行业的失败，危机之中往往孕育着转机。危机管理是一门艺术，是奶牛养殖行业发展战略中的一项长期规划。奶牛养殖行业在不断谋求技术、市场、管理和组织制度等一系列创新的同时，应将危机管理创新放到重要的位置上。奶牛养殖牧场在危机管理上的成败能够显示出它的整体素质和综合实力。成功的奶牛养殖牧场不仅能够妥善处理危机，而且能够化危机为商机。

在当前奶价持续下滑，堵不住的态势下，我以一个奶牛养殖行业的参与者与观察者的身份，提出自己的一些粗浅看法和观点，仅供参考。

一、生产资料逐渐国产化

进口奶牛、进口配方、进口饲料、进口添加剂、进口冻精、进口药品、进口设备……什么都要进口的，这本身就隐藏着危机！国产饲料、国产添加剂、国产冻精、国产药品、国产设备市场占有率少得可怜，似乎只有进口的才是最好的，丝毫不顾牧场本身的承受能力。

殊不知任何产业的发展，都要符合国情、适应地域，不假思索地拿来主义，不因地制宜、不量身定做，一味崇洋媚外，怎么没有危机？危机来临，也不懂危机管理，大难临头，才知道悔之晚矣。

给国内供应商一个机会，其实，国内不少奶牛育种牧场的冻精质量已经接近国际水平。多年来的品种改良，国产荷斯坦奶牛的基因、体况已具备高产的生产基础条件；TMR、取料机、铡草机、积粪机、刮粪板、修蹄机、速冷设备、犊牛饲喂设备等，甚至挤奶厅、电子耳标、发情监测仪、DHI 监测设备，都已达到或接近国际技术，而价格不到进口设备的 1/2；国内犊牛料、预混料、精饲料、添加剂、酵母等已经足够满足奶牛养殖需求。若国产制造牧场再努力一把，服务更到位一些，诚信意识更高一些，奶牛养殖所需生产资料的 80% 国产化完全可能。降低成本，从选择国产化生产资料入手。

二、危机管理实行常规化

首先，危机发生的具体时间、实际规模、具体态势和影响深度是难以完全预测的。危机事件往往在很短时间内对牧场或品牌会产生恶劣影响。因此，奶牛养殖业内部应该建立制度化、系统化的有关危机管理和灾难恢复方面的业务流程和组织机构。牧场应建立成文的危机管理制度、有效的组织管理机制、成熟的危机管理培训制度，逐步提高危机管理的快速反应能力。

其次，牧场的诚信形象是牧场的生命线。危机的发生必然会给牧场诚信形象带来损失，甚至危及牧场的生存。矫正形象、塑造形象是牧场危机管理的基本思路。鉴于国产牛奶的质量一直备受国内消费者诟病，三聚氰胺、黄曲霉素、大肠杆菌等事件必须得到遏制，不要失去最后的底线。行业自律、行业诚信、行业监督机制，必须摆在台面上，对没有诚信、以次充好的牧场予以曝光、整治甚至清除本行业，提高违法、犯罪成本。

最后，防患于未然永远是危机管理最基本和最重要的要求。危机管理的重点应放在危机发生前的预防。预防与控制是成本最低、最简便的方法。为此，建立一套规范、全面的危机管理预警系统是必要的。国内新闻媒体时刻关注国外奶粉、液态奶、饲料价格行情及奶牛养殖动态信息，及时预警；政府倡导巴氏奶的益处、广为宣传，加大复原乳的监测和检查；奶业协会、奶业联盟、奶业合作社等机构，多为奶牛养殖牧场、奶户出谋划策，转化升级、节能降耗、科学饲养、培训人才，提升竞争力。

三、抱团取暖达成共识化

说大点，如果国内奶牛养殖行业垮了，说小点，在大量牧场难以为继的情况下，那些牧场设计、饲料供应商、设备供应商、添加剂供应商及冻精、药浴、药品供应商还有什么活路？降低利润空间、提升服务水平是上策，在保证生存能力的情况下，挤出水分，让利牧场和奶农，保障牧场和奶农用得起、活得下。提高单产水平、提升奶源质量、降低饲养成本、增强经营管理能力，真正抱团取暖，抵御风险和危机。

改变营销理念，牛奶其实就是粮食的一种，农村也是巨大的消费市场。高昂的牛奶价格，乳企能否生产让普通老百姓也能喝得起的牛奶？牛奶无需高高在上，就是营养成分丰富的粮食而已，这种理念应扎根乳企。

四、创新发展上升战略化

在目前奶牛养殖的困难期，提升生产效率、提高科技含量是奶牛养殖牧场发展的重中之重，可谓一语道破奶牛养殖的精髓。

提升生产效率、提高科技含量不是指简单地降低饲料成本，利用低质、价廉的饲料来调配日粮，而不考虑饲料原料的组成在瘤胃反刍的效果，此法行不通；也不能因为奶价低就人为降低设备保养和维护成本。

政府出台惠及农业补贴政策，推动政策搭台经济唱戏的格局；供应商转变营销观念，以服务促进销售；牧场或奶农与时俱进，进行产业转型和升级，种养结合，多头并进；形成三位一体，打造内部强健机能、外部抵御风险的态势，共同防御，并驾齐驱的驱动模式。如此，实为中国乳企之幸，奶农之福。中国乳业不会倒，中国牧业还有望，但危机管理迫在眉睫。

［第二章］

逆流而上——管理方法篇

第一节　懂管理，才会不偏离轨道

牧场管理是一门科学，更是一门艺术，在牧场经营过程中起着关键性作用。人力资源管理、采购管理、仓储管理、TMR 管理、挤奶管理、繁殖管理、防疫管理……牧场要可持续性发展，必须进行管理升级，深入管理精髓，突破传统模式，从粗放到精细、从管人到管事、从制度管理到文化管理、从管控型转型为服务型。管理的最终成效，管理者起着决定性因素，因此，管理者只有精通管理，才不至于偏离管理的轨道，才能沿着正确的方向，驱动牧场管理的内在动力和外在动力。

一、决策之前，先做计划

管理者在日常经营管理活动中，首先要做好两件事：计划和决策。管理者根据对牧场外部环境与内部条件的分析，提出未来一定时期内要达到的牧场目标及实现目标的方案途径，用文字和指标等形式表述牧场，以及牧场内不同部门和不同成员在未来一定时期内关于行动方向、内容和方式安排的管理事件。管理者根据市场的需要、变化及牧场的自身能力，通过编制、执行、检查、评估计划，确定牧场在一定时期内的奋斗目标，有效地利用牧场的人力、物力、财力等资源，协调安排好牧场的各项活动，取得最佳的经济效益和社会效益。

计划完成后，就需要确定做还是不做，用什么方法和工具做，这就是决策。换句话来理解，决策是为了实现特定的目标，根据客观的可能性，在获得一定信息和资源的基础上，借助一定的工具、技巧和方法，对影响目标实现的各因素进行分析、计算和判断选优后，对未来行动做出达成牧场目标的决定，以可行方案为依据，根据长、中、短期战略发展计划，对未来整体性、长期性、基本性问题进行全局性思考和部署。

离开科学统筹、高瞻远瞩的计划，决策必然具有风险性和偏差性，而决策又是一个循环过程，贯穿整个经营管理活动的始终。所以说，没有科学的计划，就没有正确的决策；没有正确的决策，牧场的一切经营管理活动就会偏离轨道，愈行愈远，与牧场的既定目标背道而驰。

二、既重管理，也重梳理

管理就是制订、执行、检查和改进。制订就是制订制度、规范、标准、流程、记录；执行就是按照计划去做，也就是实施；检查就是将执行的过程或结果与计划进行对比，总结出经验、规律，找出差距；改进就是通过检查总结出的经验，将经验转变为长效机制，针对检查发现的问题进行纠正，制订纠正、预防措施，持续改进。

牧场设置的班组、岗位都是为实现牧场的总目标服务的，几乎所有工作都不可能完全是单个部门或独立个体独立完成，或多或少要与相关部门或相关人员发生纵向或横向联系。管理者要做好管理，就要做好梳理，梳理班组之间"内部客户关系"和工作衔接流程，梳理岗位之间的互补或制约机制，这样，才能形成牧场有效、高效管理的闭环和循环，不至于部门之间、岗位之间相互推诿，影响工作效率和效果。

可以这么说，不做梳理就直接切入管理，必然事倍功半；反之，做好梳理再导入目标管理、绩效管理、情境管理、授权管理等管理手段，必然事半功倍。

三、擅于授权，掌控过程

牧场饲料采购、储存、搅拌、投料、挤奶、繁殖、防疫等任务量大、系统性强、程序性严，这些工作要求管理者要统筹计划、精心组织。要做到指挥有序、协调顺畅、领导有方、控制得当、配合默契，环环相扣、无缝链接，这就需要管理者"充分授权"和下属"履行责任"，通过互动，提高效能，确保牧场各项工作达到预期的目标。

牧场管理者不仅要授权，而且要会授权。授权不是让下属简单参与，也不是让管理者弃权。授权给下属，不是让下属代理职务。授权不只是授责，还要放权。授权不是做和不做、谁去做、做什么的问题，实际上包括各种资源的动用权力，即有关人权、物权、财权的动用权力。

牧场管理者通过建立信任机制、培养机制、追溯机制，对授权的下属进行跟踪检查、信息反馈、指导监督，方可控制授权风险。对工作完成的期望值、要求、标准、进度、成效等具体情况进行阶段性评估，确保及时调整、纠偏。

四、提供机会，成就他人

要把牧场员工培养成管理能手或者业务精英，管理者必须对其进行管理理念、管理知识、管理技能、管理方法的培训，使之快速成长起来、成熟起来。管理者要做好"群雁"里的领头雁，学会发挥整个团队的作用，这样才能飞得远。作为管理者，关键不是自己多么高明、绝对正确，而是在于发挥一个团队的作用，使整个团队有能力、有激情，还要善于挖掘团队成员的潜能，最大程度地发挥团队价值和作用。

牧场管理者要想从日常工作的琐事中脱离出来，就要懂得做管理教练，管理者不是顾问、不是老师、不是医生，更多是帮助下属找到解决问题的途径、方法，让下属自己做出正确的判断；帮助下属理清思路，走出困境，找到方向，沿着对的方向用自己的专业知识、专业技能寻找答案；帮助下属锁定目标、精准规划、执行到位、改善提升、评估效果，达成目标。

提供良好的工作机会、搭建更好的工作平台，让下属参与到经营管理当中去，而不是置身事外。这样，管理者就可以站在更高的高度、多角度去审视工作中的每一个环节、节点，确保下属不偏离方向、不脱离轨道。下属成长了、成功了，管理者也就更加驾轻就熟，运筹帷幄。

五、铸造品牌，信守契约

作为牧场管理者，信守承诺是衡量个人品行和权威的重要杠杆。没有把握的事，不要轻易做出承诺，一言既出，就要说到做到；说什么做什么，做什么写什么，写什么做什么；面对下属的需求，管理者要根据客观实际，能做到的竭尽全力帮助、支持，做不到的做好解释或做好分阶段逐步实现的措施，分析透彻，沟通到位，即使未来发生偏差，下属也不会去责备或怀疑你的品性和能力。

牧场管理者和下属之间，只有开诚布公、坦诚相见才能互通共融，达成工作上的默契；积极配合，合力共赢，才能形成真正意义上的绩效合作伙伴和利益共同体，才能为牧场的发展发挥各自不同的价值和智慧，分享属于自己的胜利成果。只有真正懂得、悟透管理之道，管理者才算真正的成熟、优秀、卓越，才能更好地服务好别人。这条法则放之四海而皆准，是可以普遍遵循的管理科学和管理哲学。

第二节　牧场管理必须突破两道关

国内牧场与世界级优秀牧场比较，无论是饲料成本，还是管理成本，都要比国外更高（国外牧场土地成本、饲料成本低，机械化程度更高，甚至用机器人取代人工）。要与国外牧场同场竞技，必须过两道关：管理规范化和员工职业化。当下，国内牧场遇到了前所未有的挑战，内需不刚、市场不振、竞争激烈，怎么办？喧嚣的年代已经过去，到了该反思的阶段。

一、管理规范化是基础

（一）打造科学管理模式，推动客观激励机制

海尔创造的 OEC（Overall Every Control and Clear）管理法，可以说是现代企业管理规范化的经典力作，对于牧场管理，同样起着引领和借鉴作用。OEC 管理法即"日事日毕，日清日高"，也就是每天的工作每天完成，每天工作要清理并要每天有所提高。

OEC 管理法由三个体系构成：目标体系→日清体系→激励机制。首先确立工作的目标，日清是完成目标的基础工作，日清的结果必须与正负激励挂钩才有效，OEC 在海尔企业文化中发挥着关键的作用。这种管理方法可以用五句话来概括：总账不漏项，事事有人管，

人人都管事，管事凭效果，管人凭考核。

而国内牧场同样也要根据发展战略需要，制订一定时期内的总目标，总目标的设置，必须经过决策层、管理层充分讨论、协商一致，然后分解到各部门、各班组、各员工，层层落实、层层分解。下一级的目标必须与上一级的目标保持一致，必须是根据上一级的目标分解而来，形成一个目标体系，并把目标的完成情况作为各部门或个人绩效考核评估的依据。牧场在导入目标管理体系时，必须与员工绩效考核密切关联。绩效考核体系是目标管理体系的评价手段，目标管理结果是绩效考核的依据，两者相辅相成。计划是管理工作的基础，目标是管理工作的终点。推行有效的目标管理，必须有配套的管理手段来支撑和保障。

目标结果作为牧场绩效考核体系的一个关键业绩考核指标，占据整个绩效考核体系的绝大部分比重。除在绩效考核中予以加减分外，牧场可将完成或未完成目标的部门、班组、个人予以阶段性奖励或惩罚。为确保目标管理的有效运行，绩效考核是目标管理有力的支持系统。没有目标管理，牧场就没有方向，没有绩效考核，目标就没有保障。

（二）导入绩效考核体系，领导执行双轮驱动

牧场目标实现的结果与领导力和执行力休戚相关。许多牧场的管理者缺乏系统的管理理论知识培训，对管理者的基本职能、角色扮演等认知不深；被提拔到管理者岗位后，也没有经过系统管理技能培训，还处在单打独斗的管理盲区上；更有甚者，对管理的理解一知半解，等等，都是执行力差的根本原因。上级的决策或指令为什么要执行？认真执行会不会损害部门或个人的利益？严格执行会

不会得罪员工？等等，如果管理者存在这些疑问或顾虑，执行到位就成了一句空话。

严格绩效考核制度是保障牧场领导力、执行力落地的根本手段。绝大部分的牧场都导入了绩效考核，但考核的目的、标准、方法、手段却不是每家牧场都充分掌握的。有的用 KPI 考核法、有的用360°考核法、有的用等级评分法……越考越乱，越考越差，低绩效却能考出高分，做得越多错得越多。

建立科学、合理的考核制度至关重要。考核必须参照综合岗位职责、目标要求、轻重缓急、定量和定性相结合等因素来设置考核项目、评分标准、考核时间、考核方式，抓住重点，关注结果。考核的目的是寻找现实与目标的差距，达到提出问题、分析问题、解决问题的目的。绩效考核成绩必须与员工奖金、加薪、培训、换岗、晋升、淘汰等关联。离开科学、客观、公正的绩效考核基调，必然导致本末倒置，流于形式，考核失败。

因此，执行标准和监督检查机制的完善，是牧场执行力强弱的保障，把事情做到什么程度？用什么来衡量？为什么要做？谁来做？用什么方法来做？什么时候必须完成？成本怎么控制？等等，牧场如果没有专门的人员或部门来监督检查，执行力必然大打折扣。严格的强化培训，使员工认识到执行的重要性，端正自己的工作态度，才能上下同心，效率倍增。

（三）优化流程管理，管控运营成本投入

流程化管理，是提高牧场管理效率和效果的一种模式。做任何事情都必须有个流程，如计划、培训、组织、执行、协调、指挥、控制、检查、评估等。流程清晰、明确，无论哪个环节发生问题，

马上就能找出原因。

牧场通常使用 PDCA（计划、执行、检查、处理）管理循环。流程管理在牧场中扮演什么角色呢？我们知道，牧场在做好战略规划后，就是构建匹配战略发展的组织结构，而牧场运作就必须通过流程的梳理、编制、执行来保障各个部门、各项工作有条不紊、快速高效运作。可以说，流程管理渗透了牧场管理的每一个环节，任何一项业务战略的实施都肯定有其"有形或无形"的操作流程。但是，如果牧场只重视业务流程规划，而轻视对业务流程管理，那么，不但发生低效、拖沓、推诿、指责的结果，还要承受"隐性成本"的伤害。

通过"精细化管理"来实现牧场效益的提升，而"精细化管理"离不开流程优化。通过流程的优化提高工作效率，通过制度或规范使隐性知识显性化，通过流程化管理提高资源合理配置程度。

流程管理是牧场从粗放型管理过渡到规范化管理直至精细化管理的重要手段，利用流程化管理可大幅缩短流程周期，降低成本，改善工作质量，固化牧场流程，实现流程自动化，促进团队合作，优化牧场流程，最终实现职能的统一、合并、转换；让牧场负责人不用担心有令不行、执行不力；让中层管理人员不用事事请示、相互推诿；让所有的员工懂得牧场的所有事务工作分别由谁做、怎么做及如何做好，标准清楚明了、一目了然，使牧场管理标准化和程序化。

二、员工职业化是根本

（一）强化契约精神，塑造诚信体系

很多国外优秀的牧场，员工是终身制的。这种雇佣关系，决定

了员工能更好地融入牧场文化，共存共荣，唇齿相依。没有牧场的发展，就没有员工的未来，反之亦然。

国内牧场也应该推行这种雇佣关系，形成牧场与员工的契约制度、契约精神。检验一个牧场的文化建设成效如何，很关键一点就是，牧场辉煌时，员工是否能够分享成果；牧场低谷时，员工是否不离不弃，共渡难关，重振士气，荣辱与共。

诚信，是牧场最基本的社会道德和员工最基本的职业操守。员工职业化，需要牧场和员工达成共同的价值链，拧成一股绳。牧场有凝聚力、向心力，员工有归属感、责任感，具备这样的条件，牧场才真正走向现代化、国际化。

（二）完善检查机制，提升细节意识

员工的职业化程度，需要牧场不断宣传贯彻和培育，适时跟踪进度、督导检查、评估改善，必须建立一套完善的管理改善系统。有的牧场重分配轻跟踪，有的牧场有跟踪缺检查，有的牧场有检查没评估，有的牧场有评估不改善……任何一个环节发生问题，如不及时改善，都会导致前功尽弃，劳而无功。细节决定成败，就是这个道理。

奖惩制度化，奖惩制度科学、合理、完善，完成任务者，奖励；未完成任务者，惩罚；超额目标者，重奖；绩效为零者，重罚。奖优罚劣，奖惩分明，该奖则奖，该罚则罚，奖惩及时。奖励是为了树立榜样，惩罚则是鞭策的一种手段。

（三）根植能动思想，实现自我突破

能动式的管理模式精髓不在管而在理。理清思想、信念、目标，树立正确的人生观、事业观、价值观，直击员工的思想深处，挖掘其潜能，激活其成功的细胞，把正能量的主旋律牢牢根植于员工的思想。管什么呢？管理的是员工的行为，不要偏离牧场制订的规章制度、操作规范、作业流程；管控数据的真实性，不要出现偏差；管控运营的机制，不要发生风险。

所以，能动管理的核心观念和原则就是通过激发员工的能动性，在保障运作的基础上，持续解决发展中出现的问题，形成一套闭环式的管理体系。在这样的管理体系中，希望能培养出自主启动工作、自主协调运作、自主保障效果、自主学习改善的员工队伍。能动式的管理模式，其本质不是墨守规范，而是持续突破。只有人的能动性发挥到极致，才能推动牧场持续地挖掘问题，不断地寻找发展的方向和方法。这样的员工才是真正意义上的职业化员工。

职业化的员工能够进行自我激情管理，即使牧场身处逆境，仍不会表现出怨天尤人、得过且过、工作推诿等不正确的行为态度，而是倍加热爱牧场，与牧场同甘共苦、肝胆相照，在事业中焕发激情、寻求突破。

追根溯源，国内牧场要想在市场经济大潮中游刃有余、运筹帷幄、决胜千里，就必须打好地基、巩固地基，才能把牧场发展的大厦盖得高，才能可持续发展。特别是牧场发展进入拐点时期，管理规范化、员工职业化是绕不过去的两道坎。

第三节　让牧场扭亏为盈的七步心得

进入奶牛养殖行业时，我是属于半路出家，心里一点谱都没有。怎么养？怎么管？我开始是一筹莫展。

好在有幸阅读到吴心华、孙文华两位老师编著的《奶牛健康养殖技术》这本书，我如获至宝、如饥如渴，整整一个星期，白天黑夜，废寝忘食，孜孜不倦，一点一滴地吸收、参悟、理解，发现原来奶牛养殖还有那么大的学问。

读书，读专业的书，是我了解奶牛养殖走出的第一步。《中国奶牛》杂志、《中国乳业》杂志、《奶牛》杂志、《荷斯坦》杂志，我一本一本地读，一篇一篇地悟，读不懂的，一切不明白的问题，要问个究竟。我的同事，特别是技术部经理、总经理助理，一遍遍给我解释，特别耐心和细致，直到我彻底弄明白为止。书上读的，沟通问的，我都牢牢记在脑海中。在接手奶牛养殖全盘管理的一个月后，连我自己都吃惊，我可以用专业术语来交流了。时机成熟，我要亮剑了。

第一步，锋芒毕露。

一个月的苦读、参悟，我要拔剑出鞘，已是胸有成竹。设置牧业总部、各牧场的组织结构，编写部门职能，修订岗位职责，完善日粮配方、饲料采购、仓储管理、TMR 管理、饲喂管理、挤奶管理、繁殖管理、防疫管理、淘汰管理、设备操作等各项管理制度、作业标准、作业规范、作业流程、生产数据。没有规矩，不成方圆。变革，从最基础的工作做起，点点滴滴，步步为赢。

第二步，防守自如。

为什么会亏？亏在哪里？利润来源点在哪里？哪些是显性利润？哪些是隐性成本？我就像拨剥竹笋一样，一片一片把问题的实质揭示出来，一步一步接近经营管理的本质。

我找出了影响利润的几大因素：

（1）显性利润，主要来源于奶量和价格（产量、价格、蛋白、乳脂、体细胞、菌落数等）、小公牛销售（数量、质量、价格、销售渠道）、淘汰牛处置（品质、膘情、重量、销售对象等）、牛粪销售（条件不成熟，基本送人）。

（2）隐性利润，主要与饲料成本（质量、价格、交期、服务、稳定等）、饲养水平（分群管理、日粮配方、饲料储存、TMR 管理、投料精准、饲喂模式、水源质量、牛舍舒适度、热应激等）、挤奶技术（设备运行、挤奶标准和流程、牛体卫生、消毒、DHI 检测）、繁殖技术（发情鉴定、配种时机、妊娠检查、产后护理、繁殖障碍）、疾病防控（乳房炎、蹄病、瘤胃酸中毒、真胃变位、分娩应激综合症、防疫等），我逐步理顺思路，逐一检查。

第三步，锐不可挡。

保安全、抓质量、强细节、提单产、控成本、增利润，我提出了自己的经营管理方针。

为确保经营管理方针落地，我提出了经营管理策略：

（1）一大目标：以盈利为终极目标。

（2）两大机制：激励约束机制、授权监控机制，双管齐下。

（3）三大重点：责任重点、业绩重点、价值重点。

（4）四大层面：战略层面、组织层面、工作层面、人才层面。

（5）五大力量：领导力、执行力、技术力、学习力、创新力。

（6）六大意识：问题意识、改善意识、目标意识、成本意识、主人意识、团队意识。

其中，全面推行目标管理和 KPI 绩效考核机制，做到人人有事做、事事有人做、改善有目标、检查有标准。

第四步，开山劈石。

是谁在主导牧业的运营？我调集所有总部人员、牧场场长的资料，一一研究了解现有管理者的专业知识、养殖技能、职业观点、工作状态，逐一面谈；我邀请现有管理者参加饭局、搞娱乐活动，从活动的过程看礼仪、看胆识、看魄力、看态度；几次聚餐、活动下来，每个人的习惯、嗜好、冲劲，也能看出一二了。于是，我开始着手重新调配人马，对牧场场长的选拔、员工职位的提升、薪酬待遇的给付，都了然于胸。一个月后，组织结构里设置的岗位，全部人马到岗，重新任命。有人上岗，有人下岗，有人让位。管理团队已然成型，精兵强将，各司其职。

第五步，剑走偏锋。

为什么单产在 6 吨左右徘徊，就是上不去？气候问题、水源问题、设备问题、卫生问题、饲料问题、配方问题、搅拌问题、基因问题、疾病问题、舒适度问题，一一罗列，逐步排除。有些问题，短期内无法解决，有些问题需要时间，于是，按轻重缓急挑选出来，能马上解决的马上解决，不能马上解决的分期解决，长效问题立即着手。

比如，对于一直使用免费冻精的问题，立即行文呈报，必须解决品种优劣的硬伤，改良奶牛的乳房结构和肢蹄稳固问题。对于资产价值高，生产性能低、久配不孕的奶牛，必须淘汰处置。

第六步，敲山震虎。

整顿供应商，对于质量不稳定、价格水分高、服务不到位、交期不及时、信誉不保证、专靠调货销售的皮包供应商，一一进行甄别。经过一段时间的调整，基本去伪存真，同时面向全国引进品牌度高、产品质量优、价格适中、服务到位、交货及时、信誉度高的新供应商。目前，无论设备、精粗饲料、药品、冻精、药浴等供应商队伍，基本符合生产需求，供需关系日益密切、稳固。

第七步，剑入刀鞘。

推动目标管理和绩效考核。牧场根据公司发展战略需要，制订一定时期内的总目标。总目标的设置，经过公司决策层、管理层、牧场三方充分讨论、协商一致，然后分解到各牧场、各班组、各员工，层层落实。牧场在导入目标管理体系时，必须与员工绩效管理密切关联。绩效考核体系是目标管理体系的评价手段，目标管理结果是绩效考核的依据，两者相辅相成。各牧场导入 KPI 关键绩效考核指标，将净利润、鲜奶产奶量、吨牛奶成本、青年牛单头耗费、犊牛单头耗费、牛奶菌落数季度、繁殖率、被动淘汰率、年度考核指标区隔开来。没有目标管理，牧场就没有方向。没有绩效考核，目标就没有保障。

如今，七个步法，犹如七剑合璧，剑剑不落空，刀刀闪光芒。"优秀示范牧场"评选，推动各牧场的荣誉感、凝聚力、向心力；"精准扶持牧场"挂牌定点，把牧业总部管理者的成绩捆绑到牧场；精细化管理、常态化检查、现场解决问题，出现问题责任连带；贺喜慰丧，关爱到家；帮扶救济，逐一筛查；庆生祝福，悄然升起……每一次变革，都是一次震动；每一种创伤，都是一种成熟。在现实生活和工作中，不对失败下太早的结论。遇到挫折，不忘初心，必须经得起风雨和各种的考验，坚持到底。

出思想、谋思路、定对策，树立正确的经营管理理念，通过梳理完善相关管理制度，对员工日常工作行为进行细化；逐步形成牧场文化规范，以理念引导员工的思维，以制度规范员工的行为，使牧场全体员工增强主人翁意识，做到员工与牧业公司"风雨同舟、合力共赢"，真正实现"人企合一"，充分发挥核心价值观对牧业发展的强大推动作用。

第四节　从思想和实践中
实现牧场降本增效

"思想有多远，我们就能走多远"，从哲学角度来剖析，其实它是片面的。因为，我们过分夸大了意识的重要性，忽略了实践的作用。

意识只是物质的产物，是物质世界在人脑中的主观印象。意识虽然具有超前性，但是意识始终受到物质的限制，只有在客观合理的条件下，才可能转化为物质。因此，思想有多远，我们不一定能走多远。

事实上，各届奶业大会、奶业展览会、各类奶牛养殖研讨会层出不穷，迄今为止，也没能真正探讨清楚中国奶牛养殖究竟何去何从的问题。其中"降本增效""转型升级""提高单产提升质量"是嘴上说的最多的几个概念。我认为，这只是一种思想意识，要使思想意识"物化"，就必须深入到实践具体操作层面上去，把思想意识客观化、物质化。

每届熙熙攘攘、热热闹闹的奶业大会、奶业展览会、奶牛养殖研讨会曲终人散后，奶牛养殖业究竟何去何从？似乎还是茫然一片。各种呼声、委屈、指责、牢骚、愤懑，还是在整个奶牛养殖业不断发酵、蔓延。在此，我提出个人的两个观点。

一、降本增效要从源头做起

"降本增效"的主张无疑是对的，而现实的情况是，奶牛、配方、饲料、添加剂、冻精、药品、设备……几乎什么都是进口的，价格高昂。而众多使用者喜欢戴着有色眼镜去看待国产饲料、添加剂、冻精、药品、设备，漠视"国产化"，对国产化产品视而不见。国产化产品市场占有率少得可怜，似乎只有进口的，才是最好的，这就给"降本"带来了莫大的困惑。

在奶价持续走低，而奶牛饲料成本不见降低甚至有上升态势的情况下，这把悬在奶农头上的利刃如何解除？推行国产化的奶牛、配方、饲料、添加剂、冻精、药品、设备，是"降本"的必然趋势。

"增效"不是嘴上喊出来的，奶牛的基因、地域的环境、饲养的模式等，起着决定性的作用。牧场精细化管理从细节入手，每一道生产工序，环环相扣。气温、湿度、水源、日粮配方和营养、饲料来源和质量、奶牛舒适环境、犊牛饲喂模式、青年牛饲养方式、围产牛福利、干奶牛护理，等等，我们需要有一套科学、合理、客观成型的模式。防疫检测、繁殖监测、设备操作规程，需要可行的标准规范。涉及日常管理中的领导力、执行力、技术力、学习力、创新力，必须有章法可循。团队建设、人员归属、能动性、归属感的文化必须形成。

也就是说，"降本增效"和"提高单产提升质量"不是说出来的，是一步一步做出来的。奶牛养殖界从牧场主、管理者、员工都要把"降本增效"和"提高单产提升质量"的意识牢牢扎根于思想，并努力付诸行动。没有实际的行动力，那就是思想上的巨人、行动上的矮子。

"转型升级"已是迫在眉睫，经营理念创新、饲养模式创新、显性成本和隐性成本创新、物质装备创新、技术力和领导力创新、执行力和凝聚力创新，逼迫牧场升级换代、优胜劣汰。

二、供需关系要从黏度切合

可以这么说，国内各行各业没有任何一种行业有奶牛养殖业如此紧密相连、涉及的上下游产业链跨度如此之长。单从上游产业链说起，牧场设计、奶牛购买、粗精饲料、添加剂、微量元素、冻精、药品、设备、易耗品……牵涉范围之广，目不暇接，真可谓一损俱损一荣俱荣。怎么办？用一个不贴切的比喻，如果中国奶牛养殖业倒了，那么上游牧场还有出路可言吗？

因此，上游牧场也必须彻底转换观念，在奶牛养殖如此低迷的阶段，要有一定的奉献精神，产品质量要过关、产品价格要合理、产品交期要及时、技术服务要到位、产品经营要诚信。不规范的设计商、不合格的生产商、不诚信的经销商，该出局的出局，该淘汰的淘汰，净化供应链，让国产的供应商脱颖而出，强大民族品牌。

从过去单一的卖产品转变到卖产品与卖服务相结合、卖产品与卖诚信相结合，提升制造商、产品和使用方三者之间的黏性，创造出新价值。这需要供应商、奶牛养殖者达成共识，形成战略合作伙伴，打造共同的事业线、价值观。

我的看法是，把提高我们的思想意识中的"我们"放大到奶牛养殖业的产业链上游。真正把"降本增效"的思想意识从源头供应链开始树立抓起，从使用者的管理细节抓起，"降本增效"才能真正落地，才能把意识转化为行动。实现提高奶牛产量、提升奶源质量、降低经营成本、产业转型升级的目标，"思想有多远，我们就能走多远"才不是一句空话。

现阶段奶牛养殖的"阵痛"，我们必须挺住，继续坚守我们最初的信念。思想意识到位，实践方法落地，中国的奶牛养殖业才能迎来灿烂的明天。

第五节　供应商不擅服务
就不配做合格供方

国内有关奶牛养殖业所需的生产资料供应商多如牛毛、鱼龙混杂、良莠不齐。设计商、生产商、代理商、经销商、调货商（没有经营实质上的产品，纯靠拉关系到处调货赚取差价的牧场或个人）充斥着奶牛养殖行业，熙熙攘攘、眼花缭乱、扑朔迷离。

奶价好的年头，牧场建设犹如雨后春笋，各类供应商也层出不穷，无不想分享奶牛养殖业这个大蛋糕，本也无可厚非，也确属需要。现在问题来了，奶价持续不被看涨，经济实力差的散户、小规模养殖的牧场、小区饲养牧场（中国特色养殖模式），卖的卖、杀的杀、关的关，继续饲养下去的，也是在苦苦煎熬。奶牛养殖业高速增长的态势已经成为过去式，牧场数量在减少、新牧场建设比例在减少、牛只数量在减少。牧场要生存、要发展，也开始在成本控制上下功夫了，对供应商的选择也更加理性、挑剔起来了。

我们公司是集牧草种植、奶牛养殖、牛奶加工、产品销售于一体的现代化上市牧场，奶牛养殖经过一系列的变革后，逐步成熟起来。我们在选择粗饲料、精饲料、添加剂、冻精、药品、设备等供应商时，会从产品质量、价格、交期、服务、稳定、信誉等几个方面去进行综合评估。各方面表现优秀的供应商，才确定为合格的供方。我想，其他使用方也是如此去评估、选择供应商的。

坦率地说，现阶段的奶牛养殖业是买方市场，而不是卖方市场。同质化产品多，质量、价格、交期、稳定、信誉已经不是问题，但在服务上能做好文章的，凤毛麟角。

使用方与供应商是合作伙伴、是利益攸关方。如果供应商做产品永远依靠降价销售，每降一次割一刀，最后撑不住，牧场就倒了。供应商倒了，对奶牛养殖业没有任何好处，奶牛养殖所需的生产资料，不可能牧场自己全部实现。供应商获利、使用方盈利，天经地义，供应商不是慈善机构，因此，我也不提倡一味靠降价来稳定供给关系的畸形销售模式。保持合理的利润空间，减少中间环节、提供合格的生产资料，把服务这篇文章做好、做精、做出特色，帮助使用方成功，方为突破创新。我们很欣喜地看到，提供奶牛养殖业所需生产资料的供应商，有的已经开始大力打"服务牌"，管家式、保姆式的贴身服务模式出现了。

我们看一些例子，冻精供应商不再是单纯卖精子过日子了，开始派遣育种专家深入牧场，对奶牛进行科学检测，帮助牧场做好奶牛分群、系谱比对，根据奶牛的实际需求，比如改良乳房、肢蹄、体格而形成完整的建议报告，认真推荐、精选公牛。特别是帮助牧场追溯到奶牛的祖宗是谁，避免近亲繁殖，帮助牧场实行优生优育，提供良好遗传基因条件，为后续养殖高产牛、健康牛做好铺垫。

饲料供应商也不再无动于衷了，给钱发货的简单买卖关系似乎也行不通了。于是，不但根据使用方的需求，提供合格饲料，也开始邀请国内外行业专家、技术员深入牧场，给使用方提供饲料配方建议、饲料储存指导、饲料投喂检查、牛群生长数据分析，给牧场员工培训养殖技术等服务。需要指出的是，走马观花式、蜻蜓点水式的服务，没有任何意义。

通过互联网信息技术，设备供应商已经将研发、制造、服务有机结合起来，从过去单一卖产品转变到卖产品与卖服务相结合，提升制造商、产品和使用方三者之间的黏性，创造出新价值。以智能制造为核心的时代已经来临，设备供应商制造更加智能化、人性化、牛性化的产品，为使用方提供奶牛发情、疾病、奶源质量等更加宽泛的数据化、远程监测工具。产品一定要功能化、阶段优势化、服务系统化、强化突出点式深度。

就连在饲料结构中占比较小的添加剂供应商，也不敢随便鼓动使用方购买了，而是通过建立实验组、对照组对产品进行跟踪试验、数据比对、效果评估后，确实对牧场的奶牛体格生长、瘤胃健康、胎衣不下、疾病防控、微量元素补充、奶量提升等方面有明显效果的，方才推荐购买。

国内奶牛养殖业的艰难时期还远远没有过去，奶牛的春天也还没有如约而至，那么，当下也是对奶牛养殖所需生产资料供应商的一次大洗牌、大检阅时期。服务到点、服务及时、服务周到，根据使用方需求，24 小时待命服务，已是愈演愈烈。在此同时，也催生了另外一种行业的诞生——第三方服务商，专业修蹄、专业配种、专业防疫、专业青贮制作等专业化新型服务商的出现，无疑是有利于牧场奶牛养殖业降低生产成本和管理成本的一种新业态、新模式。

奶牛养殖业也确实应该回归理性了，过去不计成本的高投入高产出理念，以及靠高淘汰率来提升单产水平的做法，也应该告一段落了。

牧场精细化管理、节能降耗、产业升级、提升生鲜奶质量是不二法则；供应商提供优质产品、挤出水分让利牧场、把服务工作做到极致才是王道。除了抱团取暖、相互依存，你还有别的办法和捷径可走吗？

供应商不懂、不愿、不擅做好服务，就不配成为合格的供方。

第六节　如何解决牧场团队
里的"害群之马"

　　再优秀的牧场、再强大的团队，也有一些"害群之马"。这些"害群之马"是弃之不用还是听之任之？许多牧场管理者在处理"害群之马"的问题上，一筹莫展、苦不堪言。这些"害群之马"真到了"避之不及"抑或是"洪水猛兽"的地步了吗？其实不然，只要处理得当、管控到位、措施得力、对症下药，也可以将"害群之马"培养成一支不可忽视的生力军。

　　作为从事企业 20 余年的高层管理者，我做了深刻分析，如果你的牧场、团队遇到此类"害群之马"，或许可以借鉴处理。

一、"害群之马"的一般特性

　　这些"害群之马"其实还是有一定的工作能力、经验、资历的，在团队中的工作业绩不好不坏，而且有一定的凝聚力、号召力、影响力，有群众基础。这些"害群之马"最大的特点是桀骜不驯，自我感觉良好，自以为是，明知不对还强词夺理；自恃有特殊的背景和后台，目空一切、骄横无礼、自由散漫、不求上进、牢骚满天；有时还公然顶撞领导，反对变革突破，经常散布消极的言论；更有甚者，嘲讽先进，挪揄后进，打击积极，面对错误，抛理由找借口，推过揽功。诸如此类，不胜枚举。

二、"害群之马"的存在之道

（1）"害群之马"存在的好处："害群之马"是相对而言的，只要不违背原则、不损害牧场利益、不伤害同事情感，能挽救的尽量挽救，不可一棍子打死。也可能因为有这些"害群之马"的存在，管理者更能警醒自己、完善自己、提升自己，更加公正、清廉、自律，不然，这些"害群之马"会让你吃不了兜着走。

（2）"害群之马"存在的弊端："害群之马"的存在，具有一定的破坏性和负面影响，特别是有的"害群之马"喜欢拉山头、搞团伙，不利于团队的和谐稳定，对那些工作认真、任劳任怨、积极上进的同事产生不好的影响。如果团队成员也效仿行事，长此以往，整个团队没有战斗力和进取心，"害群之马"就成了是团队的"绊脚石"。

三、"害群之马"的处理对策

（1）冷处理：只要"害群之马"危害性不严重，上司可采用"冷处理"方式。把"害群之马"晾在一旁一段时间，不闻不问，既不派遣工作，也不关心冷暖，视若无人。人都是好面子的，上司的"反常行为"，让"害群之马"丈二和尚摸不着头脑，促使其冷静思过。

人，最怕的不是工作如何辛苦，而是在上司眼里可有可无。被闲置、冷淡的滋味是不好受的，因为如果上司不把他当一回事，那他什么都不是。所以，上司经过一段时间的观察，把握到一定火候时，找"害群之马"面对面好好沟通一次，听其言观其行，如其能自我检讨、认识到不足，不妨给以适度的认可和鼓励。拯救一个人远比抹杀一个人意义更为深远。本着以人为本、治病救人的原则，找到对策，进行纠偏。

（2）热处理：正因为"害群之马"有很多的"不良品行"，很容易被上司和同事抓住辫子。因此，上司一旦瞅准时机，抓住"害群之马"的痛点，用力反戈一击，在事实确凿下，予以狠狠批评、教育，责令其改善，明确改过时间、成效，否则，予以严肃处理。

"害群之马"如果认识到自身的行为已经给牧场和团队造成了伤害，除非其放弃这份工作，否则，都会痛改前非。对于经批评、警告、惩罚，仍不思悔改的"害群之马"，必须予以清除出团队；对于损害公司声誉和利益的，必须追究法律责任，达到防微杜渐的效果。

有"害群之马"并不可怕，可怕的是不懂处理方法，把"害群之马"改造成积极上进、爱岗敬业的优秀员工，也充分证明上司的人格魅力和管理艺术日趋成熟。

第七节　如何管理牧场的"关系户"

在国内无论大小型牧场，特别是民营牧场，大部分都是夫妻搭档、父子上阵、兄妹搭台、亲戚助阵创办起来的，沾亲带故的亲戚朋友进入牧场，在人情味很重的中国，不可避免。加上地方官员利用职务便利，安插亲戚朋友，是民营牧场无法去除的"枷锁"。

"关系户"非常普遍，在牧场内部已经成为一个独特的群体，这是中国的国情与人情的特殊产物。"关系户"在牧场是利多还是弊多？是弃之不用还是听之任之？许多牧场管理者在处理"关系户"的用人问题上，一筹莫展。

在牧场管理者之间闲聊之间可以看出，谈"关系户"色变，避之不及。"关系户"真似"洪水猛兽"？其实不然，只要把握得当、制度到位、措施得力、对症下药，"关系户"也可以成一支不可忽视的生力军。

一、理性对待关系户

（1）"关系户"不可一味拒绝。既然叫"关系户"，肯定来源有背景，或亲戚，或朋友，或领导……不是亲戚关系，就是利益关系，拒绝不了。需要指出的是，并非所有的"关系户"都一无是处，不学无术，因此，不能"一刀切"。如果管理者不明就里，一概拒之，可能会得罪一大群人，给自己日后的管理埋下隐患。

（2）"关系户"不可听之任之。不要因为是"关系户"，管理者就不敢管，任其践踏制度，四处惹是生非，危害牧场利益。逃避、退让、妥协，都不是解决问题之道。管理者对"关系户"要区隔分类、量才而用，要善于将"关系户"通过教育、培训、引导变成正常员工，不要人为区别对待。

（3）了解"关系户"的需求。管理者首先要以开放的心态、宽阔的胸怀对待"关系户"，改变不了国情和人情，就改变管理策略。管理者不要戴有色眼镜来看待"关系户"，因为没有天生的"关系户"是为捣乱和破坏牧场而来。牧场垮了，对"关系户"没有什么好处和既得利益。"关系户"来牧场，肯定是为满足某种需求而来。因此，了解"关系户"来牧场的真实意图和需求，是管理者制订相应管理对策的基础条件。

二、综合管理"关系户"

（1）制度管理"关系户"。牧场除制订饲料采购、仓储管理、搅拌规程、饲喂规范、防疫管理、繁殖管理、卫生管理、质量管理、淘汰牛管理、财务管理等管理制度和标准外，必须完善人力资源管理体系。不论"关系户"来自何种背景，首先牧场在招聘、考核、面试、录用环节上，应该标准相同、一视同仁。牧场想做强、做大、做久，不会因为"关系户"，而人为降低用人标准。管理好"关系户"，关键在制度。

（2）提前预警"关系户"。确属某些对牧场的生存、发展掌握生杀予夺权力的高层官员介绍的朋友或亲戚，无法拒绝时，可以先给"关系户"打个预防针，告诉"关系户"，可以照顾关系进入牧场，能不能长期留用、晋升，则看"关系户"自己的本事；要想不被淘汰出局，就必须凭借自身的能力、业绩、品德等综合素质摆脱"关系户"的阴影，与其他员工步调一致，倾心尽力，竭尽所能，凭能力立足。

（3）定期沟通"关系户"。定期召集"关系户"单独开会，阐明牧场的用人原则和标准，表现好的"关系户"，予以表扬和赞美，表现差的"关系户"，予以指出和限期改善，让需求帮助的"关系户"了解原委。定期与"关系户"面对面沟通，有助于了解"关系户"的工作态度和表现，直面问题，加以疏导。"关系户"也是常人，良好的沟通机制有助于"关系户"了解自身在牧场的扮演的角色，了解自身的需求和职业规划，促使"关系户"更严格要求自己和约束自己的言行举止。

（4）科学使用"关系户"。能力较强、个性和优劣势都比较突出的"关系户"。可针对各自的特长、兴趣、能力安排适合的岗位，"量才而用"，为他们创造一个好的平台和工作氛围；能力一般、个性和优劣势都不突出的"关系户"，或者是人品较差的"关系户"，绝对不可以让这些"关系户"占据高位，否则会埋下管理无序的隐患；能力强的"关系户"，要"用人所长"，"才尽其用"。

（5）客观评价"关系户"。既然是"关系户"，或多或少跟老板有种说不清道不明的关系，经过考评，对于能力强、人品佳的"关系户"，管理者要大胆任用，与外聘员工或管理者同场竞技。"关系户"用得到位，对管理者在推行牧场各项管理制度，会起到很好的"标杆"作用。"关系户"的管理好坏，也是对管理者的管理理念、管理水平、管理手段、管理艺术、管理融合等的一个评价指标和挑战。

三、典型异常"关系户"特殊处理

牧场中总存在一部分难以管理的"关系户"，我们称之为"异常关系户"。如何处理与"关系户"之间的关系，如何面对与"关系户"之间的矛盾，对于管理者是个挑战。

（一）典型异常"关系户"的类型

（1）有后台资源的"关系户"。这种类型的"关系户"往往是有背景的要人介绍的"关系户"。这种背景可能是牧场目前正需要或得以为继的根本，因此这种"关系户"喜欢在其他同事面前炫耀自己的后台资源，特别是在"关系户"出错的时候，往往会把自己的后台抬出来，使自己免受处罚，给牧场正常管理造成一定的麻烦。

（2）持心态不正的"关系户"。这种类型的"关系户"不但胸无点墨，业务能力欠缺，而且对牧场的任何人和任务总是存在逆反的心理，在牧场内重要的事情做不了，对于布置的任务和工作也不能及时完成。由于心态不正，很多事情自己不会做，也总是排斥其他人，到处煽风点火，制造矛盾和摩擦，公然对抗，像篮子里的烂苹果，对比自己先进的人进行打击、讽刺，对直接领导分配的任务阳奉阴违，处处设置障碍。

（二）典型异常"关系户"的解决办法

（1）有后台资源"关系户"的处理办法。这种类型的"关系户"有自身背后的资源，有些"关系户"能力并不比其他员工差，因此，管理者在管理过程中要分类处理。当"关系户"工作上取得一定成绩时，可以给予适当的奖励和夸奖，把握尺度，适可而止，避免"关系户"恃宠而骄。当他们犯错误或以自己后台自居时，决不要采取纵容和忍让的态度，要给予一定的批评、教育。对于能力不足而又不可一世的"关系户"，给他们找个简单的闲职，隔离核心层员工，使其无法干扰正常的管理活动。

（2）持心态不正的"关系户"的处理方法。这种类型的"关系户"由于社会或家庭等原因造成心态的失衡，作为这类员工的领导者可以多与这些员工交流，做思想工作，帮助他们分析产生的原因，以心触心，以心触心，多关爱、多帮助，逐渐使其意识到团队的重要性，打消其意识中存在的个人偏见和狭隘主义。

"关系户"是把"双刃剑"，用得好，对牧场的发展带来极大的帮助，反之，其破坏性不可估量。管理者要胸怀坦荡、与时俱进、潜心研究，把管理好"关系户"，作为个人修养、能力、品格提升的催化剂。

第八节　规模化牧场如何培养管理人才

2014 年下半年以来，国内因原奶价格持续走低，超过 50% 以上的牧场无法盈利，生存艰难。一些散户、小型奶牛养殖场已逐步退出奶牛养殖行业，其余的牧场要么转型升级，要么强化管理，纷纷打出"节本降耗"的旗号。从管理中要效益，已是奶牛养殖界的共识。

因此，管理人才的重要性，就再次被摆上台面。客观说，国内奶牛养殖行业技术型人才已经很成熟、队伍很庞大、专业程度高、饲养能力强，但是，相对而言，牧场管理型人才在管理理念、知识、技能、模式、方法上还很欠缺。那么如何培养牧场管理型人才呢？

一、灌输管理理念，强化管理认知

从牧场经营运作的层面上来说，技术是保障系统，包含日粮配方、青贮制作、TMR 搅拌、牛群饲喂、挤奶操作、繁殖繁育、疾病防控……管理是提升系统，包含目标管理、人员管理、供应商管理、采购管理、饲养管理、设备管理、水电管理……

没有技术养不好牛，没有管理盈不了利。技术再好，管理滞后，也无法达成目标。就如自行车的两个轮子，缺一不可，双轮驱动方可行走自如。这点必须扎根于管理者的脑海。管理者必须充分认知到，做一个技术性的管理者，既要懂技术，还要懂管理，自己懂得做工作，更要辅导下属懂得做工作。

二、培训管理知识，提升管理水平

牧场绝大多数的管理者（如场长——高层管理者、主管——中层管理者、班长——基层管理者）都是技术出身，由于技术精湛、能力超群、人脉广泛，而被提拔到管理者岗位，面临角色转换、职责改变的状况。以前的工作多数是一种个人行为，而作为一个管理者的工作却是一种团体行为。

从做技术员到做管理者，不仅自己有能力还要使整个团队有能力，要发挥团队作用，因为团队绩效就是你的绩效。要成为牧场变革的驱动力，通过下属去完成目标。因此，对牧场管理者必须进行管理理念、知识、技能、方法、工具、团队建设等方面的培训，使之快速成长起来。

三、完善管理机制，打造管理工具

一个牧场就是一个独立的牧场，组织结构设置、班组职能、岗位职责、人力资源管理系统（招聘配置标准、人员培训标准、绩效考核标准、薪酬福利标准等）、物资采购管理系统（供应商选择、物资采购流程、物资验收标准、物资付款规范等）、奶牛舒适度管理、卫生防疫管理、牛只优化管理、设备操作管理数据化管理等，都要建立科学、规范的管理体系（标准、流程、流程、记录）。整个管理系统，环环相扣，衔接到位，才不至于管理失控或漏项。

牧场特别要重视员工内部职称评定。饲养、繁殖、兽医等技术型岗位，采用理论与实践相结合的评估体系，分初级、中级、高级进行职称评定，提升技术型人才的技术水平，打破单一依靠管理职务提升的发展模式，打通技术发展通道。经营会议、绩效考核、沟通协调、榜样评选等都是不错的管理工具。

四、推导人本管理，重视人才价值

牧场管理要摒弃"十全十美"的用人理念，沟通能力强、学习力强、执行力强、忠诚度高，这样的人才就值得培养。用人之长就好，合适的才是最好的。只要牧场激励和监督机制完善，建立以能力、价值、贡献为基准的人才观，完全可以打破以学历、资历、身份等作为标准的旧观念、旧思维，要把能力、业绩作为人才的核心标准，树立"大人才观"。

英雄不问出处，能为牧场创造价值的人，就是牧场所需要的人，就要大胆用、放心用。海纳百川才是用人的胸襟和气度，实现"国际人才本土化，本土人才国际化"的人才国际化战略，提升牧场的核心竞争力。

五、建设牧场文化，构建和谐环境

牧场运营有两个核心，一个是制度，另一个是文化。制度就是明文发布的要求大家不折不扣必须执行的规定、规范、标准、流程等；而文化则是牧场成员共有的价值观、事业观、期望目标和道德规范。如果说制度是圈内的，那么所有圈外的就是文化。

牧场也是一个大职场，也是思想、道德、智慧的大熔炉，要建立牧场文化，管理者是关键。一头狮子带领一群绵羊，久而久之，这群绵羊就会变成"狮子"，反之，一只羊带领一群狮子，久而久之，这群狮子就会变成"绵羊"。工作和谐、生活和谐、关系和谐，这才有"家"的温馨和归属。

没有不优秀的员工，只有不优秀的管理者。规模化牧场需要智商高、情商高、逆商高的管理者。培养既懂技术又懂管理还善沟通的复合型管理人才，迫在眉睫。

『第二部分』 管理工具与标准

要想改变命运，必须改变自己，因此，注定要承受更多的苦难和磨炼，读书、思考、实践、检验、求证……决定的事，就要做出成效。没有理由、没有借口，凡事正面积极，凡事巅峰状态，凡事主动出击，凡事全力以赴，在人生字典里写下四个大字——赢者为王。

［第三章］

人力资源管理工具

第一节　现代化牧场的
人力资源管理体系

"技术很丰满，管理较骨感"，击中了当下很多中小型牧场在管理中的软肋，重技术、轻管理的现象比比皆是。国内牧场要与国外牧场同台竞技，需要在饲料成本、TMR 管理、牛群管理、饲喂管理、犊牛管理、单产奶量、生鲜奶质量等方面下功夫，更需要在人力资源管理上更胜一筹。

人力资源管理对现代化牧场的运营发挥着无可替代的作用，从某种意义上来说，是牧场管理的代名词。牧场所有一切经营管理行为的优与劣，皆在人为。

人力资源管理是整个牧场管理中的最关键一环，对牧场总体发展战略和目标实现具有举足轻重的战略地位。牧场管理是以人为中心的管理。人是知识、技术、信息等资源的载体，牧场如何选才、育才、用才、留才是一个系统工程。

纵观国内各牧场，绝大多数人力资源管理处于从传统人力资源管理（HRM）向战略人力资源管理（SHRM）转变的过程中，因此，要将人力资源的作用提升到战略性层面，构建系统的人力资源管理体系，以提升现代化牧场的综合竞争力。

人力资源管理薄弱的牧场，必将失去与国内外知名牧场同行竞技的杀手锏；也可以这么说，人力资源管理体系尚不完善的牧场，不能称之为真正意义上的现代化牧场。

一、人力资源管理体系构建思路

人力资源管理体系的构建，应该始终围绕以下六个方面展开：一大目标（追求利润最大化）、两大机制（激励约束机制、追踪检查机制，双管齐下）、三大重点（责任重点、业绩重点、价值突破）、四大层面（战略层面、战术层面、工作层面、人才层面）、五大力量（领导力、执行力、技术力、学习力、创新力）、六大意识（问题意识、改善意识、目标意识、成本意识、主人意识、团队意识）。

二、人力资源管理体系构建方法

人力资源管理体系围绕人力资源战略规划、内部管理制度、人力资源管理标准设计和实施、人力资源招募配置、培训开发、绩效考核、薪酬福利、人事劳资、文化建设展开。

推动牧场人力资源管理向战略人力资源管理转变，就必须建立清晰的战略目标，严密的组织结构，明确的奖惩机制。前瞻性地引人、育人、用人、留人体制，是现代化牧场管理的精髓所在。规范现代化牧场内部管理，首先规范人力资源管理。

（一）基于战略的人力资源规划

首先，必须构建现代化牧场组织结构，设计匹配牧场发展战略的能动式、前瞻性的组织结构；完善《部门/班组职能说明书》，进一步完善岗位设置、编制设置、级别设置，符合"因事设岗"

"因岗定编""因岗定级"原则；完善牧场高层管理者的权限配置，简化工作流程，提高效率；取消不合理的岗位，压缩不合理的编制。

一般来说，牧业公司下辖多个牧场，就需要设置牧业公司总部组织结构图和牧场组织结构图，如图 3-1 所示。单一牧场只要牧场组织结构图即可，如图 3-2 所示。

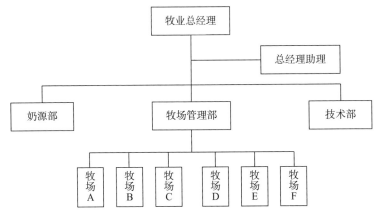

图 3-1 牧业公司组织结构图及职能

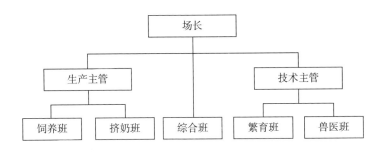

图 3-2 牧场组织结构图及职能

说明：牧业公司总部设置牧场管理部、技术部、奶源部；实施牧业总经理负责制；总经理助理可设置也可不设置，根据需要而定，主要是协助总经理工作，是总经理经营管理的助手和参谋。各职能部门职能如下：

1. 管理部职能

（1）协助牧业公司总经理抓好公司各牧场的经营管理工作，特别是牧场的硬件设施设备管理、维护、保养、维修工作。

（2）负责各牧场生产安全等工作的全程监督、检查、落实。

（3）负责各牧场基础建设、设备维护申报并受理，督促相关部门做好申报事项的进度与完成，保证整个牧场生产、设备正常运行。

（4）负责各牧场药品、洗涤剂、黑白薄膜、零配件等物品的采购计划工作。

（5）负责各牧场小公牛销售、计划性或非计划性奶牛淘汰的处置工作。

（6）负责指导各牧场员工的工资调整、绩效奖金分配工作。

2. 技术部职能

（1）负责各牧场生产所需的精粗饲料、冻精等物资的采购计划工作，及时掌握各牧场原料供货、仓储、饲养情况，确保牧场原料保质保量、仓储管理符合规范、牛群饲养日益科学。

（2）负责指导各牧场的饲料采购、存储、饲养、疫病防治、繁殖育种、品种改良、鲜奶质量等标准化生产操作规范，及时监督、检查执行情况，提出改革措施和行动计划。

（3）负责制订牛群日粮配方，并严格监督饲料投放的标准执行，发现问题，及时整改，定期到各牧场巡查指导。

（4）负责各牧场员工的技术培训工作。

（5）负责制订各牧场的绩效考核方案、监督、检查完成情况，每月上、中、下旬汇总形成报告并上报牧业公司总经理。

3. 奶源部职能

（1）负责分析国内外奶源变化情况，提出总公司奶源发展建议，严格把好奶源的质量关。

（2）做好奶户的沟通协调工作，特别在价格、奶源质量、付款方面打消农户的顾虑，保持持久的合作关系。

（3）负责公司运奶司机及专用鲜奶运输车辆的调配管理工作，保证鲜奶运输正常。

（4）负责各牧场每日每批鲜奶收购的质量管理、监督、检查工作。定期把当月鲜奶收购数量、质量情况汇集分析，形成报告上报公司。

（5）定期到各奶站检查了解鲜奶的质量卫生情况、储奶设备的运行保养情况，保证公司鲜奶收购的质量安全。

（6）负责按期整理鲜奶收购质量情况，落实合作牧场奶款发放工作。

（7）负责各合作奶源牧场奶牛养殖技术的服务工作。

4. 牧场职能

（1）负责本牧场的经营管理工作，按公司年度计划和绩效考核标准，确保按质按量完成公司下达的各项生产任务及绩效考核指标。

（2）严格控制本牧场经营管理成本，特别是吨牛奶成本，持续提升经营管理水平，确保牧场可持续性发展。

（3）认真落实公司质量方针，按公司鲜奶质量标准要求组织实施质量管理工作。

（4）做好牛群疫病防治工作，繁殖育种优选优育，不断优化牛群结构，不断突破产奶量。

（5）严格执行饲料、药品、零配件采购申报管理标准，饲料接收时必须过磅准确、质量达标、送检及时，饲料存储规范、投料喂养科学、药品使用得当、设备定期维护。

（6）确保牛群日常管理精细，工作巡查到位，掌握牛群采食动态，确保牛群身体健康；掌控牛群发情规律，及时配种，缩短空怀期；做好牛群检查，减少牛只被动淘汰率；消毒、挤奶、保存过程规范，确保鲜奶各项指标符合国家标准。

（7）贯彻执行公司的安全管理规章制度，抓好人员、牛群、财产安全管理工作。

（8）负责牧场员工的工资调整申报、绩效奖金分配、人员技术培训工作。

（9）按照《牧场班组岗位职责手册》（详见本章内相关节），分班管理，责任到班，责任到岗。

（二）基于素质能力的招聘与配置

通过对各岗位进行工作分析、岗位分析、确立岗位任职资格、岗位胜任模型，编制《岗位说明书》。参照总公司《人员招聘与配置管理作业标准》《岗位回避管理作业标准》《岗位竞聘管理作业标准》《内部技术职称评定管理作业标准》，优化招聘计划、流程、渠道、方式，控制成本，科学甄选，既要严格控制编制，又要满足牧场合理化的用人需求，切实保障牧场发展所需的人力资源。

特别需要提出的是，牧场员工具有一定的特殊性。员工的职业生涯规划，既要打通职务晋升通道，也要打通技能晋级通道，建立牧场专业技术人员职称管理，根据对专业技术人员专业技术能力考察，结合其专业技术对牧业发展的重要性等因素，对具备专业技术职称人员在牧场内部进行重新评定认证，以合理、有效地选拔、任用专业人才，同时为专业技术人才规划职业生涯。

具体操作规范，可参考本章中相应文件施行。

（三）基于开发与培养的教育培训

为提升员工智能、技能、知能、态度等综合素质，激发员工工作热情，促进工作品质、工作效率的改善和提高，严格执行总公司《人员培训与开发管理作业标准》《内训师管理作业标准》，建设学习型组织。

采取分级培训制，分入职、上岗、在职三级培训，从牧场理念、发展沿革、战略目标、规章制度、运作流程、产品知识、销售技巧、工作态度、角色扮演、团队建设等方面对员工进行全方位的教育培训。针对不同层次和不同素质的员工，量身定做一套匹配牧场战略目标的课程，坚持有系统地、有目的地实施培训，使员工素质根据牧场的发展需求有计划地、循序渐进地提高，进行单元式、阶段性的培训，以提高员工的整体素质和水平。培训是投资，不是开支，投资就有回报。

用专业的人管理牧场，把管理者培养成行业管理专家，牧场才能真正做到可持续发展和长治久安。重点培养基层管理者、中层管理者、储备干部，为牧场的可持续发展、高速发展积蓄专业化、职业化的骨干队伍。

牧业公司总部管理人员可参与总公司的管理者培训课程，牧场场长、主管、班长、技术员培训。培训主要包含的内容如表3-1所示。

表 3-1 培训的主要内容

序号	课程名称	课时	参训人员	培训时间
1	奶牛常见疾病防控技术（乳房炎/BVDV/布病/结核病/亚临床酮病/蹄病/繁殖障碍/热应激）	12	场长/主管/班长/技术员	春季/冬季
2	奶牛饲料配合技术（非常规饲料/青储饲料/饲料配方/高产奶牛精料补充料应用/奶牛瘤胃蛋白质调控）	12		春季/冬季
3	奶牛饲养管理技术（犊牛/后备牛/泌乳牛/干乳期/围产期饲养/配种技术）	12		夏季/秋季

（四）基于以 KPI 为核心的绩效管理

完成牧场各部门、各班组、各岗位的 KPI 关键绩效考核，实现全方位绩效考核制度，绩效考核对象全方位，包括牧场业绩、部门业绩、班组业绩、个人业绩考核。以目标管理为导向，以 KPI 为核心，定量与定性相结合；以主要绩效、基础绩效考核为主，关注过程、强化结果；加强上级与下级的沟通；强调绩效改善、绩效激励；管理者以部门、班组绩效为准，连带奖罚；员工以个人绩效为准，优胜劣汰；绩效考核成绩与晋升、加薪、奖金、异动、培训、淘汰等关联。

推行《牧场管理者绩效考核管理作业标准》《牧场员工绩效考核管理作业标准》，以 KPI 为核心，高层管理者采用月度/季度计划和报告（质询会）、半年度工作总结、年度工作总结相结合的年度绩效考核制度，考核结果与高层管理者的年度奖金分配挂钩。

牧场场长 KPI 绩效考核

牧场场长是牧场的首席执行官，需要把产奶量、单吨成本、饲料成本、犊牛耗费、青年牛耗费、繁殖率、淘汰率、净利润等八项指标作为 KPI 关键绩效指标纳入考核。不同的区域、不同的企业、不同的牧场，考核的指标不一样。

牧场饲养员 KPI 绩效考核

牧场饲养员考核指标主要针对后备牛的饲养水平进行考核，包含培育、繁殖、转群进行 KPI 绩效考核指标设置。

后备牛的培育 KPI 绩效考核指标包含：平均身高、平均腹围、平均斜长、平均体重等四项；后备牛的繁殖 KPI 绩效考核指标包含：已配未孕、已孕、未配、有胎率四项（一般分为 16 月龄、20 月龄、26 月龄，区域不同、月龄不同，考核指标不同）；后备牛的转群 KPI 绩效考核指标包含：达标产犊率、生物价值、投产月龄、有胎率等四项（26 月龄、28 月龄、30 月龄，区域不同、月龄不同，考核指标不同）。

（五）基于职位、能力、绩效的薪酬福利管理

拟按照 3P（职位、能力、绩效）模型，建立保护功能和激励功能相结合的职系薪酬体系，压缩薪酬等级，以职层、职种、职等来确定员工薪酬幅度。

牧场高层管理者的全部工资总额遵循固定工资比例相对要低（占 40%），浮动工资比例相对要高（占 60%），更关注年度绩效奖励；中层管理者、中级技术人员、高级技术人员的全部工资总额遵循固定工资比例相对要适中（占 50%），浮动工资比例相对也要适中（占 50%）；基层管理者、普通员工的全部工资总额遵循固定工资比例相对要高（占 60%），浮动工资比例要低（占 40%）。

3P 薪酬体系始终以牧场战略发展目标为导向，既结合牧场目前

的运营现状，又围绕牧场未来的发展目标。把牧场、部门、班组、个人的绩效紧密联系，以 3P 薪酬体系为牵引力，以绩效考核为手段，强化牧场、部门、班组、个人四位一体在责任、风险及利益上的结合，使薪酬管理更具人性化、标准化。

推行《牧业公司薪酬管理作业标准》，薪酬管理包含工资性收入、绩效性收入、薪酬性、非薪酬性福利管理，"公正、公平、合理"的原则，科学、规范地划分牧业公司总部人员、各牧场、各岗位员工的薪资结构，使薪资的支付与员工的岗位、能力、绩效直接挂钩，从而激发员工的工作积极性和企业归属感。

（六）基于人事异动与劳动关系的人事管理

规范执行员工入职管理、离职管理、晋升管理、外派人员管理、人才评价系统，确保人才的合理任用，把合适的人放在合适的位置上，充分挖掘人才潜力；人事变动与培训、考核、薪酬体系关联；建立高效管理团队；制订管理制度，明确员工行为规范管理、劳动关系管理、健康安全管理、员工士气管理、员工满意度管理、人事档案管理、人事信息管理、员工投诉处理、劳资纠纷处理；严格执行《员工档案管理作业标准》《员工人事变动管理作业标准》。

三、人力资源管理体系构建标准

（一）人力资源管理体系构建原则

牧业公司人力资源管理体系的构建，必须匹配现代化牧场战略发展需要，在构建过程中必须有标准要求和预期目标，如表 3 - 2 所示。

表 3 - 2　人力资源管理的标准要求和预期目标

序号	模块	标准要求	预期目标
1	人力资源战略体系	分析牧场短、中、长期发展战略；组织结构符合任务目标、层面、专业化，管理层次和跨度，有效控制，权责一致原则，以牧场战略为导向，以提高现代化牧场整体管理效率为目标	结构匹配战略，强化职能作用，保障信息顺畅，畅通组织行为，形式合理，效率优先，实质重于形式，权限配置合理，责任到位，指标到位
2	招聘配置体系	建立岗位能力素质模型；推导员工职业生涯规划；确定用人标准、任职资格、岗位职责、工作要求、工作标准；建立人力资源招聘、入职、晋升、换岗、降级标准	招聘员工有计划性，员工聘用标准化，招聘成本降低，员工流失降低，员工忠诚度提升；入职、晋升、换岗、降级有参照标准，人尽其才
3	培训开发体系	员工培训需求调查；确定内部培训课程、培训方式、培训时间、培训讲师；建立培训效果评估标准；完善教育培训体系；建立外派培训体系；设置培训教材库	培训课程匹配现代化牧场发展需求；通过计划性、系统性培训，提升管理者管理知识和技能，提高员工工作态度和绩效
4	绩效考核体系	确定牧场短、中、长期目标，管理者目标，部门目标，班组目标、岗位目标；厘清各部门、各班组、各岗位的 KPI 业绩指标（人人头上有指标），责任到位；建立绩效考核体系；全员考核	层层目标清晰，高层管理者以牧场为绩效为准，中层管理者以部门绩效为准，基层管理者以班组绩效为准，承担连带责任；员工以岗位绩效为准，实行优胜劣汰
5	薪酬福利体系	分析牧场年度生产指标、经营指标、利润指标；建立薪酬福利体系，强化薪酬管理（工资性收入、绩效性收入）、薪酬性福利管理、非薪酬性福利管理	薪酬结构清晰，岗位定薪合理；福利更具人性化、特色化；薪酬福利具备竞争力，能引人、留人；加薪有标准，降薪有依据
6	劳动关系体系	梳理现行管理制度，规范员工行为，强化劳动关系，推行民主管理，完善人事档案和人事信息库	奖优罚劣依据充分，提升员工满意度和忠诚度，降低流失率；公正处理员工投诉，规避劳资纠纷

（二）人力资源管理体系模块分解

人力资源管理体系六大模块所包含的内容，随着社会的发展和现代化牧场的实际需要，越来越精细化和延展化，特别强化实用性和可操作性。分解如表3-3所示。

表3-3　人力资源管理体系六大模块

人力资源管理体系	人力资源管理体系分解	人力资源管理体系	人力资源管理体系分解
人力资源战略体系	组织结构设置	绩效考核体系	高层 KPI 指标库
	部门职能		部门 KPI 指标库
	定岗定编定级		岗位 KPI 指标库
	人力成本预算		绩效管理流程
招聘配置体系	岗位能力模型		考核作业标准
	岗位职责	薪酬福利体系	货币式薪酬福利支付标准
	入职管理流程		非货币式薪酬福利支付标准
	离职管理流程		薪酬福利管理作业标准
	晋升管理流程		薪酬福利调整作业标准
	特殊人才引进流程	劳动关系体系	现代化牧场诚信管理机制
	招聘与配置系统		员工行为管理机制
培训开发体系	培训需求调查		健康安全管理机制
	培训开发计划		人事档案管理标准
	内训师管理标准		劳动合同管理机制
	培训效果评估		人事信息管理标准
	员工职业生涯管理		员工投诉处理机制
	培训管理系统		劳资纠纷处理机制

四、人力资源管理体系构建精神

以"仁"为本，将"法学"用于基层员工，"道学"用于中层员工，"儒家"用于高层员工。把对员工的挖掘、开发、培养、经营提升到人力资源战略的高度，把员工当成"特别的客户""稀缺的资源"对待。让员工把职业当成事业看待，置身创业有机会、做事有舞台、发展有空间、工作有价值的平台，孜孜不倦追求事业、勤勤恳恳实现价值，让员工工作有成就感、业绩有荣誉感、灵魂有归属感。

用事业留人、感情留人、待遇留人、投资留人是人性化管理的一种境界，使现代化牧场和员工沿着"自我约束、自我改善、自我发展"的良性轨道，不偏不倚，高效、高质实现现代化牧场战略目标。全方位地对每人、每天所做的每件事进行控制和清理，做到"日事日毕、日清日高"。

第二节　牧场班组岗位职责

一、饲养班

（一）班长

（1）主管饲养班全面工作，包括饲养管理、饲料调配、饲料质量验收、加工、贮存、班内安全生产及消防管理，班内劳动力的安排及考核等。

（2）带领班员参加公司及上级组织的各类学习、会议和培训，提高班员的素质，完成公司下达的任务；检查、监督、落实奶牛饲养及饲料运输岗位技术操作规程、安全生产制度规程的执行。

（3）精确计算奶牛的营养配方，合理调配饲料并严格执行配方。

（4）根据实际情况及时做好饲料购买计划表。

（5）协调好班与班之间的关系。

（6）负责班内 ISO9001 - 2008 文件的管理。

（二）畜牧员

（1）根据生产实际及时做好牛群调整并做好相关记录。

（2）负责生产区域及周边的卫生管理及环境消毒管理。

（3）负责牛舍管理及料槽、水槽管理。

（4）做好班内各个生产环节的现场管理与考核。

（5）根据生产实际及时做好犊牛订耳牌及断尾工作，做好奶牛膘情的定期测定及培育牛的测体工作，并根据实际情况调整饲养工作。

（6）根据实际情况做好青贮储备工作，准确掌握奶牛饲料耗用情况，做好饲料仓库的管理，按时填报、交付饲料耗用月报表，做好饲料仓库的日清月结。

（7）定期测量各阶段牛群的体尺、体重，定期测定和记录各泌乳牛月产奶量，乳脂率及时汇总并记入档案，根据奶牛生长、奶量、膘情、怀孕情况做好奶牛分群和调动。

（三）白班饲养员

（1）遵守公司各项规章制度，严格饲养操作规程，安全生产，文明生产，爱岗敬业，完成本职工作。

（2）上班必须穿戴工作鞋，注意个人卫生。

（3）坚持经常推料原则，保证饲料卫生，及时将发霉变质的饲料及饲料里面的异物捡离奶牛能采食到的地方。

（4）勤观察牛群，注意牛群动态，发现问题及时报告。爱护牛只，赶牛要温柔，不得大声吆喝和暴打牛只，不得人为造成牛群紧张。

（5）保证食槽、水槽、牛床和运动场卫生。每周清洗水槽2~3次，根据班长安排进行食槽清洗工作，及时清除牛沙睡床上的硬物、异物。

（6）爱护公共用具和生产用品，节约用水、用电。

（7）熟悉牛房内部相关设备、设施的使用规定，并根据实际需要及时做好开关工作，注意冬天犊牛的防寒保暖工作。

（8）积极配合防疫小组做好本场奶牛防疫工作及卫生消毒工作。

（四）夜班饲养员

（1）牛群的观察：每班应仔细观察全场牛只的动态，注意有无牛只走出牛舍；观察各舍牛只是否有异常（例如鼓气、大出血、脱肛、难产等）。如发现异常及时报告兽医或找相关人员进行处理。

（2）注意观察各舍水槽、料槽，不够的要及时加水、加料，做好推料工作。

（3）大雨时注意检查各舍电风扇是否关闭。

（4）夏季天气炎热，中午应将牛只从运动场赶进牛舍阴凉处，防止奶牛中暑。

（5）兼顾治安、防火工作。

（6）下班前做好交接班工作。

（五）TMR 组员

（1）严格遵守上班时间，避免对饲养工作的影响。

（2）上料员必须穿戴规定的劳动保护用品，严格按配方要求依次、按量投放每一种饲料。

（3）铲车司机要密切配合上料员，按照配方要求准确投放每一种料，投料误差控制在5%以内。

（4）中拖司机按班组管理人员的要求，掌握搅拌操作，必要时查看实际搅拌效果，同时要根据管理人员的要求做好相关记录。

（5）依次对不同牛舍进行饲料投放，派料时，中拖司机要根据不同牛舍的实际情况掌握投放操作，有义务配合牛舍人员做好派料工作，避免将饲料排放到牛的采食区外，造成浪费。

（6）手扶拖拉机手、中拖、叉车司机必须持证上岗，必须按照

《机动车辆行车准则》及场内限速标志行车。开车前必须检查柴油、机油、水是否够量及车刹是否正常，机件连接是否牢固等，车辆正常方可出车。出车回来做好车辆的保养工作。

（7）遵守公司各项规章制度和场内交通规则，按时参加公司安全学习。安全行车，确保生产能够顺利进行。

（8）全体组员下班前必须搞好车辆及工作场地卫生。

（六）精料加工员

（1）熟悉饲料粉碎机的操作要领，并能熟练操作。对粉碎机出现的简单故障能自行排除，出现不能自己解决的故障时，要及时报告维修人员。

（2）做好饲料粉碎机的日常维护和保养工作，并做好相关记录。

（3）严格按管理人员的配方要求粉碎、配搭每一种饲料，并做好标包标识处理、分类堆放。配合好的饲料库存量应控制在 2～3 天内。

（4）每天做好仓库内和仓库周围的卫生清理，每周对仓库周围的排水沟进行一次卫生清理疏通工作，并根据班组长的安排配合做好其他相关工作。

（5）进行饲料粉碎操作时，要佩戴口罩。

（6）取料时，应遵循先进先出的原则，以保持饲料新鲜。

二、挤奶班

（一）挤奶班长

（1）主持挤奶班全面管理工作，包括牛奶生产、挤奶及周围环境卫生、劳动力安排与考核等；带领班员努力完成公司下达的生产任务，履行挤奶班的职责。

（2）抓好牛奶质量的监控与管理（包括人员、挤奶操作、设备清洗消毒、环境卫生等环节）。

（3）参加公司及上级组织的各类学习、会议和培训，提高班员的素质。

（4）检查、督促本班各岗位、工种贯彻落实岗位技术操作规程、安全生管理制度，并进行考核。

（5）做好每天洗手消毒液的配制工作，并严格监督本班工作人员的卫生状况管理与考核，处理好班与班之间的工作协调。

（6）配合兽医做好乳房炎牛的挤奶工作。

（7）配合兽医做好奶牛干奶工作。

（二）挤奶员

（1）遵守公司各项规章制度，严格遵守挤奶操作规程，严格执行牛奶卫生管理制度，安全生产、文明生产、集中精神，完成本职工作。

（2）保持自身整洁，工作期间不准戴戒指、留长指甲，要穿戴工作服、鞋、帽等，操作前要洗手消毒。

（3）在挤奶间不准抽烟，不准喧哗高叫。

（4）工作期间，未经批准不得私自会客，在工作间内更不准会客。

（5）要爱护挤奶机械设备及各用具，不得随便改变真空压、脉动器等。

（6）要爱护牛只，操作要温和、熟练，不得粗暴，而且要耐心安抚，细心驯服，保持牛群安定，不得人为造成牛群紧张。

（7）保持用具及机械的整洁卫生，对牛奶质量高度负责。

（8）积极配合专业维修人员做好机械设备的维修和保养工作。

（三）赶牛员

（1）赶牛员要认真负责地把牛群按顺序从牛舍赶至候挤间、挤奶台，待牛只挤奶完毕后，赶回原牛舍。

（2）赶牛员要有高度的责任心，工作要认真负责，态度要温和，对牛群不能粗暴、追赶、大声怒骂，保持牛群的安定，爱护牛群，避免人为造成牛群紧张拥挤。

（3）赶牛要分群分批进行，严禁用抗生素的牛只混入健康牛群。

（4）赶牛员要协调好奶间与各牛舍之间的工作，使两者之间互相配合，保证挤奶间正常工作。

（5）赶牛员赶牛过程中要分清牛舍牛只，保证各牛只挤奶完毕后回到原牛舍。

（6）牛群在往返途中及在候挤间候挤期间，赶牛员要随时观察牛群，发现有互相打斗、挤迫或爬跨等现象，要及时上前制止，防止造成奶牛损伤。

（7）赶牛员对当班各舍挤奶牛要清点清楚，保证各牛只都能按时挤奶，避免漏挤或重挤现象。

三、繁育班

（一）配种班长

（1）主持繁殖育种班工作，对班内工作进行协调、统筹、分工、合作，确保对牛群监测的时间（尤其是观察发情的时间），对有关牛只进行密切跟踪。

（2）严格执行公司的育种计划，落实繁育进度。根据公司制订的育种方向、公牛配对安排等搞好配种工作。

（3）对产后母牛疾患及时处理，做好使用抗生素牛只标识与病牛处理记录；做好安全卫生生产，杜绝质量与安全事故。

（4）及时把牛群有关资料报送电脑管理室，报送各项月报表。

（5）与各生产部门做好协调、沟通、衔接，避免工作上的脱节及不必要的误会。

（二）配种员

（1）遵守公司各项规章制度，热爱本职工作。配种员要深入牛群，做到心中有数，勤观察、细检查、不漏网，努力完成公司下达的配种任务。

（2）严格遵守选种选配方案，杜绝近亲交配。做好牛群的普查工作，加速牛群品种改良。

（3）树立无菌观念，严格遵守卫生消毒及无菌操作过程，避免人为因素造成的感染。

（4）妥善保管好各种器械、药物和精液，提倡节约，反对浪费。注意及时补充冷源（液氮），确保良种精液的使用效果。

（5）抓好奶牛产科治疗关，坚持早发现、早治疗、治彻底的原则，特殊病例要做系统治疗；要勤学苦练，对牛只要勤检查、跟踪，要善于发现、善于总结和积累，不断提高业务水平。

（6）认真做好日常工作记录（尤其是病历和配种记录），及时填写、汇报有关报表；配合牧业资料的电脑管理，及时准确递交相关资料，对育种无价值的牛只及时递交处理意见。

（7）做好奶牛防流保胎工作并制订相关措施，对习惯性流产牛只要做出系统治疗，怀孕后要定期注射安胎药物，配合饲养管理做好怀孕牛的护理工作，降低流产率。

（8）结合生产的实际，做好牛群的免疫工作。

（9）严格遵守《接产规程》，做好奶牛的接产工作。

（10）协助做好犊牛初乳饲喂工作。

四、兽医班

（一）兽医班长

（1）主持兽医班的全面工作，包括做好对相关牛群的防疫检疫、奶牛疾病的防治、病牛的护理、环境卫生消毒管理、对劳动力的安排考核等工作。带领班员完成公司下达的各项任务，履行兽医班的职责。

（2）做好班内劳动力的管理、调配与考核，与业务有关联的各班工作衔接好。

（3）做好抗生素类药物的管理，对使用抗生素牛只一定要做好标记工作。

（4）检查、督促本班各岗位贯彻落实岗位技术操作规程、安全生产管理制度，并进行考核。

（5）参加公司及上级组织的各类学习、会议、培训，提高班员的素质及技术水平。

（二）兽医

（1）严格执行公司的防疫制度，做好牛群一年一度的防疫注射及检疫工作；做好牛群的疾病防治、病历记录及相关报表等工作。

（2）严格做好抗生素类药物的管理与使用，做好有抗生素残留牛只的标记工作，确认无抗生素残留才解除标记。

（3）配合电脑资料室对病牛的管理，把牛群变动情况及时通知电脑管理员。

（4）做好全公司牛群的牛蹄修蹄与护理工作。

（5）做好犊牛的去角工作。

（6）做好全场环境喷药消毒工作。每月 1～3 次。

（7）做好干奶牛、围产期奶牛的检查和疾病防治工作。干奶牛每周不少于 1 次，围产期奶牛每天不少于 1 次常规检查。

（8）消毒炉在使用时，必须有专人看管，不得擅自离开。

（三）兽医卫生员

（1）坚决贯彻"预防为主，防治结合"的方针，严格按照国家和地方政府制订的动物管理条例、食品卫生管理条例执行，保障人民健康和公司财产安全。

（2）遵守公司各项规章制度，热爱本职工作，以务实精神做好奶牛保健和奶牛疾病防治工作。

（3）兽医上班必须实行巡查牛房制度。注意牛群整体情况，坚持早发现、早治疗的原则。对状态异常牛只应尽快做出诊断并给予治疗。诊治病牛发现要及时，诊断要准确，用药要对症。兽医用药要有连续性、完整性，要注意疗程、疗效及转归。

（4）对发生疾病的牛只应做好发病登记，用药记录和病历的书写。要定期做好各项数据的统计和整理工作。

（5）兽医应严格按照奶牛保健制度要求，做好奶牛疫苗的注射和检疫工作。

（6）兽医应到对卫生员、护蹄员进行指导和管理，把乳房炎、肢蹄病的防治工作做好。

（7）卫生员负责停奶牛隐性乳房炎的检查、治疗和追踪，负责奶牛停奶和停奶后乳房检查，产前产后乳房炎的治疗，以及产后牛的验抗残和解牌工作。除此之外，还须协助兽医做好病牛的治疗和护理工作。

（8）严格抗生素和人造激素使用，确保牛奶质量。

五、综合班

（一）出纳

（1）负责牧场日常银行、现金收付、对账工作。

（2）负责办理银行各项存取款及单据往来工作。

（3）负责各种单据收付（报销且需保证手续完备并及时交会计做账）。

（4）负责各银行账户的对账工作，每月出具银行对账调节表。

（5）负责每月 15 日完成工资发放工作。

（6）协助完成各项临时工作。

（二）统计仓管员

（1）负责牧场有关统计方面的台账、报表工作。

（2）负责有关统计方面的联系、上报工作。

（3）负责牧场奶牛的档案管理工作。

（4）负责五金、仓库的调拨和核对工作。

（5）协助完成各项临时工作。

（三）文员

（1）负责公司有关文件、合同的管理。

（2）负责公司会议的记录、整理和管理工作。

（3）负责协助公司搞好安全生产工作。

（4）负责公司的劳资、社保、妇女工作。

（5）协助完成各项临时工作。

（四）司磅员

（1）负责准确过磅每车货物，并做好相关记录，登记清楚，认真填写磅码单，保管存根联，与饲养组一起把好饲料质量关。发现异常，及时报告公司领导。

（2）指引货车将货物卸到指定位置，避免乱堆乱放。

（3）每天结单后要及时分类上报保管员进行各类货物的入库和出库。

（4）搞好地磅的保养，爱护各种磅码工具。

（五）保安员

（1）忠于职守，文明执勤，仪容整洁、礼貌，询问客人态度要温和。

（2）做好牧场治安保卫工作，对外来人员车辆必须按公司规定做好登记手续，不准闲杂人员进入牛场范围。勤巡查，做好防盗工作。

（3）做好消防安全工作，定期巡视检查公司范围的消防设施、设备（消防栓、消防喉、灭火器、消防泵等），定期巡视草仓，落实草仓防火措施。

（4）做好大门口周边的清洁消毒及消毒池的清洁、更换消毒药物工作，保证进出车辆得到有效的消毒。

（5）严格执行落实防火制度，对全场消防设备进行定期检查每月一次，确保消防设备完好无损；发现有外来人员损坏或未经允许使用消防设备，应立刻制止，并按有关规定处理。防火重点区域主要有：草仓、饲料仓、五金仓、药房、维修班等。

（6）保安员值班期间对防火区域，尤其是草仓、饲料仓，严禁无关人员进入。对在防火禁区内抽烟或未经批准私自用电、烧焊等行为应立刻制止，并按有关规定处理。

（7）对外来公干或参观人员，应做好登记，询问来场原因。没有公司领导或董事会领导陪同，不得进入牛舍参观。

（8）批准的参观人员入场，必须在门岗更衣室更衣、穿鞋套方可入场。

（9）门卫值班员对进出场人员与车辆做好登记，检查车辆有无携带违禁物品进场，出场物资进行检查，与本场无关人员一律不得进入。

（六）化验员

（1）按时上下班。不迟到、不早退。

（2）及时抽取奶样，按时完成各项指标的检验工作。

（3）准确报告检验结果，及时反映问题。

（4）搞好室内卫生，注意安全用电。下班时一定要检查好各个电器的开关。

（5）配合生产部门工作，保证产品质量。

（6）严格把好质量关，尽职尽责。

（七）药房管理员

（1）按时上班、下班，不迟到、不早退。

（2）准确按照处方发药，配合兽医做好药品的进、出仓工作。

（3）根据兽医要求，按时按质安排配制所需的药品。

（4）发药做到去旧存新，及时清点药物并做好购药计划，确保生产能顺利进行。

（5）注意危险药品的保存，防止安全事故的发生。

（八）奶库管理员

奶库管理人员主要负责牛奶进入贮奶间后的保管、冷处理和发放，要保证牛奶在此期间不受污染、不变质。

（1）严格遵守公司《牛奶质量管理制度》，服从工作安排。

（2）要经常搞好贮奶间室内外清洁卫生，经常擦洗地面、墙壁、门窗，清除室内积水，保持室内干爽，清理室外杂物。

（3）室内及更衣间严禁堆放杂物。

（4）工作期间要注意个人卫生，穿戴好必要的防护用具。

（5）严格按照发奶和冷处理要求的有关程序进行操作，确保牛奶质量。

（6）过奶软管、抽奶泵等用完后要及时清洗消毒。

（7）贮奶缸排空后要及时清洗消毒。

（8）抽奶及相关清洗消毒工作完成后，要及时清理场地，工作用具摆放整齐，对地面要进行一次冲洗消毒。

（9）做好发放牛奶过磅交接单填写工作。

（10）严格控制外来人员进入贮奶间，不准在工作期间会客。

（九）机修员

（1）负责全场的用电安全、用水、供水及各种设备保护和维修工作，发现问题及时维修，不得无故拖延。如因有事故发生，机修班负第一责任。

（2）因维修需要购置的零配件要事先列单汇报，保证及时维修，保证正常生产。

（3）机修工具一律不能对外借用，如有丢失按规定赔偿。

（4）不能擅自对外承接焊修工作，属于特殊情况必须汇报，并征得有关领导同意，否则一切后果均由当事人承担。

（5）负责每天每班次挤奶厅挤奶机的按时操作，开机操作要严格按照挤奶机操作规程进行操作，保证能正常挤奶。

（6）每班次挤奶前后负责对挤奶机设备进行常规检查，以确保每班次机器运转正常。

（7）负责对挤奶机的日常保养工作，按保养要求定期保养。

第三节　牧场内部技术
职称的鉴定管理标准

为加强牧场专业技术人员职称管理，根据对专业技术人员专业技术能力考察，结合其专业技术对牧场发展的重要性等因素，对具备专业技术职称人员在牧场内部进行重新评定认证，以合理、有效地选拔、任用专业人才；同时，为专业技术人才规划职业生涯，特制订本标准进行职称管理。

一、牧场内部技术职称鉴定管理机构

（一）牧业公司技术部

（1）负责初级鉴定的受理及组织工作，以及中、高级职称等级申报工作。

（2）负责设计理论考核试题库的建立，确定实际操作的考核项目及考核办法，并参与鉴定工作。

（二）总公司人力资源部

（1）人力资源部负责中、高级职称等级申报的受理。

（2）人力资源部参与评分标准的制订及考核评分工作。

（三）职称鉴定小组成员

（1）初级职称：由牧场场长、牧业公司技术部经理、牧业公司管理部经理、总公司人力资源部经理参与鉴定。

（2）中、高级职称：由牧场场长、牧业公司技术部经理、牧业公司管理部经理、牧业公司总经理、总公司人力资源部经理、总公司人力资源总监参与鉴定。

二、职称鉴定流程图

牧业公司各牧场场长向牧业公司技术部提出职称鉴定申请→牧业公司技术部审核参评人员资格→牧业公司技术部向总公司人力资源部申报→总公司人力资源部组织职称鉴定小组成员进行鉴定→总公司总经理批准。

三、职称鉴定等级划分及职称补贴

（一）职称鉴定等级划分

专业技术人员技术职称等级从低到高依次设定为初级（助理技术员）、中级（技术员）、高级（高级技术员）三个职称等级。

（二）职称等级补贴标准

如表 3 - 4 所示。

表 3 - 4　职称等级补贴标准

技术职称等级	技术职称	职称补贴（元/月）
高级	高级技术员	600
中级	技术员	400
初级	助理技术员	200

四、职称鉴定等级参评资格及鉴定标准

（一）职称鉴定等级参评资格

1. 初级（助理技术员）

（1）经本岗位初级培训或自学达到规定标准学时数，并能独立上岗操作。

（2）在牧场连续从事本岗位工作达六个月以上（含）并接受相关理论知识培训或自学达到相关课时数，操作达到上岗水平。

2. 中级（技术员）

取得初级（助理技术员）职称资格后，在牧场连续从事本岗位工作达 18 个月以上（含）。

3. 高级（高级技术员）

取得中级（技术员）职称资格后，在牧场连续从事本岗位工作达 24 个月以上（含）。

（二）职称鉴定等级鉴定标准

理论知识与实际操作鉴定所占权重如表 3 - 5 所示。

表 3 - 5　理论知识与实际操作鉴定所占权重

权重　　级别	初级（助理技术员）	中级（技术员）	高级（高级技术员）
理论考试	30%	25%	20%
操作考试	40%	30%	35%
日常工作	30%	40%	35%
国家认可职称（或专业技术资格）	0%	5%	10%

（三）职称鉴定等级评定分数合格线

表 3 - 6　职称鉴定等级评定分数合格线

职称等级	初级（助理技术员）	中级（技术员）	高级（高级技术员）
鉴定分值	70 分（含）以上	80 分（含）以上	90 分（含）以上

（四）职称鉴定等级规定

理论考试主要为相关理论知识、操作规程、安全常识等；由牧业公司技术部拟定考试题库，闭卷考试，考试时随机从考试题库中抽取试题组织成一份考试卷。

操作技能考核的内容，由牧业公司技术部根据鉴定对象所从事的具体工作确定相应的考核项目，在指定场地通过现场实操的形式进行考核。

（1）日常工作包括平时工作完成情况，每月的绩效考核及领导临时安排的工作，遵守公司相关制度、工作态度等。由分管的主管、场长进行评分，满分 100 分。

（2）国家认可的专业技术资格包括维修、特种作业、电焊、电工、职业兽医资格证件等，以及相关国家认可的相应级别职称，每一个证书为 50 分，国家认可的中级或中级以上职称证书为 100 分，满分为 100 分。

（3）理论知识考试和实际操作考核满分均为 100 分，两项均达到 80 分以上（含 80 分），其中有一项达不到 80 分者为不合格。

五、职称鉴定等级鉴定流程和鉴定时间

（一）新进员工职称等级鉴定（初级鉴定）

（1）对于新员工，进入牧场工作 6 个月后，可直接参与初级职称等级的技能等级鉴定。

（2）各牧场根据所需鉴定的员工人数（有新员工符合条件报经牧业公司技术部核实，即可进行鉴定，人数不限），统筹安排理论考试及实际操作考核的时间、地点，并通知相关部门及人员组织考试和考核。

（3）经职称鉴定等级管理机构组织鉴定后，即可公告执行。

（4）总公司人力资源部对通过职称鉴定的员工进行薪资调整，从次月起开始享受相应等级的职称补贴。

（二）中、高等级鉴定

（1）每年 12 月份由各个牧场向牧业公司技术部统一汇总提出，总公司人力资源部组织职称鉴定小组成员进行一次中、高级职称的鉴定工作。鉴定通过后，次年 1 月起直接享受相应的职称补贴。

（2）正式员工进行中、高等级鉴定时，应对照技能鉴定申报条件，填写等级鉴定申请表，列出申请理由，并由分管的主管、场长

填写审核意见后报牧业公司技术部，不能越级申报。

（3）正式员工职称等级鉴定，应符合职称鉴定的时间间隔要求。

（三）具备下列条件之一者不能晋级

（1）除工伤外，年度缺勤合计达 12 个工作日的，不能参加当年薪资晋级。

（2）年度工作中有严重违反公司规章制度，或给公司造成严重损失和不良影响的，不能晋级。

（3）正在提请离职（辞职、辞退、开除）的员工，薪资不能晋级。

六、相关规定

（1）所有从外部获得的职称证，仅作为申请定级的条件，仍需参加牧业公司组织的技能职称鉴定。

（2）通过技能职称鉴定的技术员工，连续三个月月度考核结果达不到 90 分的，给予警告；连续六个月考核结果达不到 90 分的，技术等级降低一级；一年内累计九个月考核结果达不到 90 分的，技术等级降低一级。

（3）通过技能职称鉴定的技术员工，由公司发放相应技术等级职称证书。

七、附件及其记录

附件 1：《牧场技术岗位职称等级鉴定考核内容》（表 3－7）

附件2：《牧场内部技术职称等级鉴定申报表》（表3-8）

附件3：《牧场内部技术职称等级鉴定考核表》（表3-9）

表3-7　牧场技术岗位职称等级鉴定考核内容

级别\岗位	初级（助理技术员）	中级（技术员）	高级（高级技术员）
畜牧技术员	掌握以下技能： ①饲料知识：掌握各种原饲料的营养成分及作用 ②牛群管理：掌握各阶段牛群的分群饲养管理 ③数据统计：掌握牧场生产技术月报表的统计	在初级技能的基础上掌握以下技能： ①饲料知识：熟练各种原饲料的营养成分，并可以提出其作用原理能培训员工 ②牛群管理：熟练掌握各阶段牛群的调整，适应于实际生产操作，并可以培训员工	在中级技能的基础上掌握以下技能： ①饲料知识：结合当地资源合理配置营养配方，有效降低饲养成本，并能培训、指导员工合理运用 ②牛群管理：能根据实际生产做出正确的分群管理，并能培训、指导员工
畜牧技术员	④饲养管理：掌握牧场饲养管理生产流程，掌握TMR饲料搅拌技术管理标准 ⑤理论知识：80分	③数据统计：熟悉牧场各生产数据报表的统计，并能有效提出牧场当前存在的不足与改进的方向 ④饲养管理：熟练牧场饲养管理生产流程，熟悉TMR饲养标准，能独立完成日粮，达到最终目的，并能有效的培训员工执行 ⑤理论知识：85分	③数据统计：熟悉牧场各生产数据报表的构成及正确的统计方法，能准确分析生产上存在的不足并可以正确地做出培训、指导员工运用于生产 ④饲养管理：能有效地制订饲养管理的各种规范流程标准更新，并能培训及指导员工有效执行 ⑤理论知识：90分

续表

级别\\岗位	初级（助理技术员）	中级（技术员）	高级（高级技术员）
兽医技术员	掌握以下技能：①药品知识：掌握生产上常用药品的功能作用及药物配伍禁忌相关知识②疾病诊断：掌握奶牛常见病的诊断技术及治疗程序③疾病预防：掌握奶牛产后监护管理技术及牧场疾病防控免疫程序④理论知识：理论考试75分，实操80分	在初级技能的基础上掌握以下技能：①药品知识：熟练掌握生产上常用药品的功能作用及药物配伍禁忌相关知识，并能培训相关人员②疾病诊断：熟练掌握奶牛常见病的诊断技术及治疗程序，并能独立操作执行，奶牛真胃移位、难产手术方法，同时又可以培训员工③疾病预防：熟练掌握牧场疾病防控免疫程序，并可以了解牧场疫病传染病的发展，更新免疫程序④理论知识：理论考试80分，实操85分	在中级技能的基础上掌握以下技能：①药品知识：结合实际，选择适合自身牧场牛群正确给药与培训指导②疾病诊断：熟练掌握奶牛常见病的诊断技术及治疗程序，制订更新疾病诊治程序，并可以培训、指导员工③疾病预防：熟练掌握牧场疾病防控免疫程序，并可以了解牧场疾病的发展，更新免疫程序④理论知识：理论考试85分，实操90分
繁殖技术员	掌握以下技能：①发情鉴定：掌握奶牛发情规律，并有效做出发情鉴定②激素类药品：掌握常用奶牛激素类药品的功能作用及掌握配种技术操作流程	在初级技能的基础上掌握以下技能：①发情管理：熟悉奶牛发情规律，掌握最佳的输精时间及同期排卵技术，并能熟练独立操作人工输精技术②繁殖管理：掌握整个牛群的整体繁殖动态，理解21日怀孕率的定义及完成产犊胎间距小于400天的考核指标	在中级技能的基础上掌握以下技能：①熟练奶牛同期排卵技术，精准进行实时输精②具备对整个牧场繁殖管理意识，并熟悉了解整个繁殖动态

级别 岗位	初级（助理技术员）	中级（技术员）	高级（高级技术员）
繁殖 技术员	③繁殖疾病：掌握奶牛常见病预防及治疗，繁殖障碍疾病的判定技术 ④产后保健：掌握奶牛产后护理程序，并能独立完成操作 ⑤理论知识：理论考试：75分，实操80分	③妊娠管理：熟练掌握成乳牛60天直肠妊娠诊断技术，并能100%有效判定 ④保胎管理：掌握怀孕牛只的预流产诊断技术，并能有效采取保胎护胎工作 ⑤理论知识：80分	③精通奶牛繁殖管理流程，并制订繁殖管理标准化，产后监控管理，产后首配天数平均小于72天 ④掌握当前繁殖管理，高新技术的应用，并在牧场中推行与实践 ⑤理论知识：90分

表3-8　牧场内部技术职称等级鉴定申报表

申请人		现在岗位		岗位性质	□管理□技术
原有等级		申请等级		入职日期	
职称申报缘由					
直接主管意见			签名/日期：		
牧场场长意见			签名/日期：		
牧业公司 技术部意见			签名/日期：		
牧业公司 总经理意见			签名/日期：		
总公司 人力资源部意见			签名/日期：		
备注					

表 3 – 9　牧场内部技术职称等级鉴定考核表

被考核者		所在部门		现有岗位	
原有等级		申请等级		入职日期	
鉴定考核者		所在部门		任职岗位	

指标类型	所占权重	单项得分	折合分数
理论考试			
操作考试			
日常工作			
国家认可职称			
合计			

鉴定考核总评	
改进意见	
鉴定考核者签名	
被考核者签名	

第四节 牧业公司薪酬福利管理标准

本着"公正、公平、合理"的原则，科学、规范地划分牧业公司总部人员、各牧场、各岗位员工的薪资结构，使薪资的支付与员工的岗位、能力、绩效直接挂钩，从而激发员工的工作积极性和对企业的归属感。

一、调薪申报流程

（1）场长级以下员工个别调调薪：直接上司申报→牧业公司总经理审核→总公司人力资源部审核→总公司人力资源总监批准。

（2）场长调薪：直接上司申报→牧业公司总经理审核→总公司人力资源部审核→总公司人力资源总监审定→总公司总经理批准。

（3）牧业公司总部各部门或各牧场一次（普调）调整人数达5人以上：直接上司申报→牧业公司总经理审核→总公司人力资源部审核→总公司人力资源总监审定→总公司总经理批准。

二、薪资调整原则

（1）原则上，薪资的调整总额涨幅不能高于上一年度企业利润的涨幅。

（2）本标准所涉及的部门及岗位人员，非职务或者岗位变动性质的薪资调整，原则上一年不能超过一次。

三、职系职种职级划分

在同职系内，根据不同岗位的工作性质，按岗位职务高低、职责大小、技术水平、业务熟练程度、劳动强度、产生绩效等因素，分不同级别和档次，根据不同层次的岗位，赋予不同级数的职等和职级的薪资标准。

（1）管理职岗位：牧业公司总经理助理、牧场管理部经理、技术部经理、奶源部经理、各牧场场长。

（2）督导职岗位：生产主管、技术主管、饲养班班长、繁育班班长、挤奶班班长、兽医班班长、综合班班长、督查员。

（3）技术职岗位：饲养技术员、繁殖技术员、兽医技术员、修蹄员、牧业员、生产辅助员、鲜奶检验员、奶源管理员、电工、机修员。

（4）服务职岗位：总部行政文员；奶源部司机、统计员；牧场仓管员、牧业统计员、过磅员、会计、出纳。

（5）操作职岗位：牧场饲养员、挤奶员、TMR 司机、铲车司机、积肥员、牛粪运输员、牧草管理员、绿化员、保安员、炊事员。

四、薪酬结构

（一）工资总额

工资总额＝基本工资＋岗位工资＋保密费＋通讯补贴＋交通补

贴＋偏远补贴＋技术补贴＋绩效奖金

（二）工资

（1）当月全勤者工资100%发放。

（2）当月非全勤者（事假、病假），工资计算公式如下：

实际所得工资＝工资总额－［（基本工资＋岗位工资＋保密费＋技术补贴＋偏远补贴＋通信补贴＋交通补贴）÷21.75天×请假天数］

（3）婚假、丧假、工伤假、产假、年休假视为正常出勤，假期工资按正常出勤计算。

（4）凡国家规定的法定假期，假期所得工资按正常出勤计算。

（5）加班费按实际加班时间进行核算，计算公式如下：

加班费＝（基本工资＋岗位工资）÷21.75天×加班天数

（6）加班的补偿方式按公司员工手册《加班管理规定》执行。

（三）技术职称补贴

技术职称补贴根据《牧业板块专业技术等级内部鉴定管理作业标准》进行评定后核发。

（四）偏远补贴

（1）考虑部分牧场地域偏远，工作和生活环境较为艰苦，因此设立偏远补贴，作为外派人员的工作补贴。享受该部分补贴的必须是由牧业公司总部或其他牧场派往其他牧场工作的人员，当地或非外派人员不能享受偏远补贴。

（2）各区域补贴标准如表 3 – 10 所示。

表 3 – 10　各区域补贴标准

牧场名称	职位	补贴标准（元）
××牧场	管理职	××
	督导职	××
	技术职、服务职	××
备注：操作职原则上以当地招聘为主；偏远补贴需经牧业总经理核定		

五、薪资晋级

具体是否普调薪酬，应以当年行业发展、公司经营状况、物价波动等作为参考依据，由牧业公司高层管理者会议决议，报请总公司人力资源部审核、总公司总经理批准。

原则上，新进员工按所在职等中的职级档次起点级执行，确属专业知识和操作技能较高的新进员工，可考虑提高其起点职级。

原则上，员工一年只能加薪一次。

有下列情形之一者，丧失加薪资格：

（1）除工伤、法定休假、年休假之外的原因，年度缺勤合计达到18个工作日者，不论绩效评估成绩如何，不能加薪。

（2）在当年内受到3次（含）300元以上公司级的经济处罚者，或当年内受到3次（含）以上公司级的行政处罚者，不论绩效考核或绩效评估成绩如何，不能加薪。

（3）正在提请离职（辞职、辞退、开除）者，不能加薪。

有下列情形之一者，破格加薪：

（1）一贯表现优异，为公司发展做出突出贡献者。

（2）当年内累计受到 3 次以上（含）嘉奖或奖金奖励（专指行政奖激励，专项活动比赛所获之奖励不计）者。

当物价指数急剧变化，以及公司认为有特别的必要时，也可以进行临时加薪。

六、工资支付规定

（1）工资计算时间为每月 1 日到当月最后一个工作日，发薪日期通常为次月中旬发放上月薪资，遇节假日推迟一个工作日发放，特殊情况另行通知发放日期。

（2）绩效奖金由人力资源部根据牧业公司年度绩效管理作业标准进行核算，经公司领导审批后，由牧业公司管理人员进行二次分配，报备总公司人力资源部和财务部。

（3）员工如遇生育、受伤、疾病或意外事故，可以向总公司申请预支工资，但以已出勤应得工资为限；超额预支，须经总公司人力资源总监批准。

（4）员工个人工资所得税、社会保险金、工作服个人承担部分、员工向公司所借款项等，由财务部从员工工资中直接分批扣除。

（5）员工的工资由财务部发放，员工领取上月工资时，必须依照规定的手续，在财务部的员工工资支出簿上签字，以便查核。因财务计算错误或业务过失造成工资超领时，员工应立即归还超出金额，否则，在下月的员工工资中扣除该超出部分。任何员工在发现所领工资少于实际应得工资时，应于发薪日后的三个工作日内，到财务部查询复核，以便补发，逾期不予受理。

七、附件及其记录

附件 1 为《牧业公司职系薪酬结构序列表》（表 3 – 11）。

附件 2 为《员工薪酬定级/调薪申报表》（表 3 – 12）。

表 3 – 11　牧业公司职系薪酬结构序列表

职等	职级	职类职种			基本工资	岗位津贴	保密费	通信补贴	交通补贴	月薪合计
A	9	管理职	总经理助理经理							
	8									
	7									
	6			场 长						
	5									
	4									
	3									
	2									
	1									
B	9	督导职、技术职	生产主管技术主管督查员各班班长							
	8									
	7			饲养、繁殖、兽医技术员；修蹄员；畜牧员；生产辅助员；鲜奶检验员；奶源管理员；电工；机修工						
	6									
	5									
	4									
	3									
	2									
	1									

续表

职等	职级	职类职种		基本工资	岗位津贴	保密费	通信补贴	交通补贴	月薪合计
C	9	服务职	总部行政文员；奶源部司机、统计员；牧场仓管员、畜牧统计员、过磅员、会计、出纳						
	8								
	7								
	6								
	5								
	4								
	3								
	2								
	1								
D	9	操作职	牧场饲养员、挤奶员、TMR司机、铲车司机、积肥员、牛粪运输员、牧草管理员、绿化员、保安员、炊事员						
	8								
	7								
	6								
	5								
	4								
	3								
	2								
	1								

表 3－12 员工薪酬定级/调薪申报表

No

部门			姓名		执行日期		年 月 日
调薪缘由	任职	免职	晋升	降职	调职	复职	其它
区分	职等	职级	基本工资	岗位津贴	绩效工资	保险费	通信补贴	交通补贴	合计（元）

续表

原薪								
调薪								

申请部门意见	签名/日期：	申请部门分管领导意见	签名/日期：
总公司人力资源部意见	签名/日期：	总公司人力资源总监意见	签名/日期：
总公司总经理意见	签名/日期：	总公司董事长意见	签名/日期：
说明	（1）主管（含）以下级别员工调薪由牧业公司分管领导、总公司人力资源部、人力资源总监签署即可 （2）经理、副经理、场长级别员工的调薪由牧业公司分管领导、总公司人力资源部、人力资源总监、总公司总经理签署		

第五节　以绩效考核手段推动牧场的目标管理

　　牧场根据发展战略需要，制订一定时期内的总目标。总目标的设置必须经过公司决策层、管理层、牧场三方充分讨论、协商一致，然后分解到各牧场、各班组、各员工，层层落实。下一级的目标必须与上一级的目标一致，必须是根据上一级的目标分解而来，形成一个目标体系，并把目标的完成情况作为各部门或个人绩效考核评估的依据。牧场在导入目标管理体系时，必须与员工绩效管理密切关联。绩效考核体系是目标管理体系的评价手段，目标管理结果是绩效考核的依据，两者相辅相成。

　　由此可见，绩效考核体系是牧场目标管理体系的管理工具与评价手段。绩效考核的考核项目、考核标准的设置，绩效考核的评价依据、奖惩措施的设置，就显得尤为关键。

　　牧场的绩效考核要在利润最大化、激励约束机制、追踪检查机制、责任重点、业绩重点、战略层面、公司层面、工作层面、人才层面、领导力、执行力、技术力、学习力、创新力、问题意识、改善意识、目标意识、成本意识、主人意识、团队意识等各个方面都进行关注。

一、绩效考核目的

从牧场层面出发，以目标管理为导向，以 KPI 指标为核心，关键控制点相联动；以主要绩效考核为主，关注过程、强化结果；强调绩效改善、绩效激励；管理者以牧场绩效为准，员工以个人绩效为准，优胜劣汰；绩效考核成绩与晋升、加薪、奖金、异动、培训、淘汰等关联。

二、绩效考核方式及考核项目设置

牧场绩效考核设置为季度绩效考核、年度绩效考核两种，具体考核指标及考核周期设置如表 3 – 13 所示。

表 3 – 13　牧场绩效具体考核指标及考核周期

绩效考核项目	考核项目定义	考核周期
净利润	季度/年度内销售收入（市场鲜奶收购价格 × 生鲜奶收购量）－ 财务核算成本［营业成本 ＋ 管理费用 ＋ 财务费用 ＋ 营业外收支净额（淘汰牛净损益额）］	季度/年度
生鲜奶产奶量	季度/年度内依公司检验部门检测要求，交送到公司生产的合格鲜奶	季度/年度
吨牛奶成本	季度内的投入养殖成本：吨牛奶完全成本 ＝（精饲料成本 ＋ 粗饲料成本 ＋ 制造费用 ＋ 生物资产折旧费）/交厂奶量；制造费用中包括固定资产折旧费	季度
牛群繁殖率	年度内整个牛群繁殖比率	年度
被动淘汰率	牧场年度内成母牛数总被动淘汰的比率	年度
青年牛单头耗费	季度内青年牛正常生长情况下的费用投入	季度

绩效考核项目	考核项目定义	考核周期
犊牛单头耗费	季度内犊牛正常生长情况下的费用投入	季度
牛奶菌落数	将菌落指标纳入绩效考核，采取奖罚对赌方式，当季牛奶菌落数以技术中心提供的数据为准	季度

1. 牧场季度绩效考核指标设置

（1）牧场季度净利润指标分解（此项为否决项目）。

特别强调的是，当季净利润完成低于预算季度指标的90%时，不计发任何奖励；当季净利润完成额大于或等于指标的90%时，按指标核算季度奖金，如表3－14所示。

表3－14　核算季度奖金标准

单位	第一季度考核指标	第二季度考核指标	第三季度考核指标	第四季度考核指标	合计
万元/季度					
万元/季度					
万元/季度					

（2）牧场季度绩效考核指标分解（此项为考核项目），如表3－15所示。

表3－15　牧场季度绩效考核指标分解

考核项目	单位	第一季度考核指标	第二季度考核指标	第三季度考核指标	第四季度考核指标	季度考核指标完成率奖金核算标准
产奶量	吨/季					产奶量完成率<100%，奖励0元；产奶量完成率≥100%，奖励N元

续表

考核项目	单位	第一季度考核指标	第二季度考核指标	第三季度考核指标	第四季度考核指标	季度考核指标完成率奖金核算标准
吨牛奶成本	元/吨					吨牛奶成本≤100%，奖励N元
青年牛单头耗费	元/头					青年牛单头耗费≤100%，奖励N元
犊牛单头耗费	元/头					犊牛单头耗费≤100%，奖励N元

（3）牧场季度菌落数绩效考核指标（此项为考核项目），如表3－16所示。

表3－16　牧场季度菌落数绩效考核指标

菌落总数（万 cfu/ml）	cfu≤10	10＜cfu≤20	20＜cfu≤30	30＜cfu≤40	40＜cfu≤50	50＜cfu≤60	Cfu＞60
奖罚金额（元/季度）							

（4）牧场季度绩效奖金核算标准，如表3－17所示。

表3－17　牧场季度绩效奖金核算标准

考核项目	核算原则	奖励标准
产奶量	①牧业公司根据公司下达的产奶量经营指标按季度进行细分，报人力资源部备案。季度产奶量按当季三个月的计划产奶量综合考核 ②当季牛奶实际生产吨数由财务部以实际交乳品厂总量进行核算	①当季产奶量小于当季计划量的100%时，将取消此项奖励 ②当季产奶量大于或等于当季计划量的100%时，按各牧场奖励标准核发奖金

考核项目	核算原则	奖励标准
吨牛奶成本	①吨牛奶成本＝当季投入的总成本/当季产奶量吨数 ②当季发生的吨牛奶成本以财务部提供的数据为准	①季度吨牛奶成本＞100%时，取消此项奖励 ②当季吨牛奶成本≤100%时，按各牧场奖励标准核发奖金
单头耗费	①头耗费＝（当季青年牛/犊牛总耗费）÷饲养头天头数；以青年牛、犊牛的平均数核算 ②当季发生的单头耗费以财务部提供的数据为准	①当季青年牛、犊牛单头耗费完成率＞100%时，将取消此项奖励 ②当季青年牛、犊牛单头成本完成率≤100%时，按各牧场奖励标准核发奖金
牛奶菌落数	将菌落指标纳入绩效考核，采取奖罚对赌方式，当季牛奶菌落数以技术中心提供的数据为准	奶源卫生工作管理好，牧场收入增多，反之，则收入降低

（5）牧场季度绩效考核细则。

牧场季度考核指标包括：净利润、鲜奶产奶量、吨牛奶成本、青年牛单头耗费、犊牛单头耗费、牛奶菌落数六项。

以上各项指标必须根据牧业公司年度全面预算作为参考依据，实际运营过程中如有部分数据调整，牧业公司将另行下达知会单，并报牧业公司总经理批准。特别强调的是，当季净利润完成低于预算季度指标的90%时，不计发任何奖励；当季净利润完成额大于或等于指标的90%时，按标准核算季度奖金。

2. 牧场年度绩效考核指标设置及奖罚标准

（1）牧场上一年度的年度绩效考核奖金纳入当年年度净利润考核指标，牧场净利润指标奖罚可根据牧场年度预算确定标准，如表3－18所示。

表 3 - 18   牧场净利润奖罚标准

净利润 （P）	一级	二级	三级
	P < 考核指标	P = 考核指标	P > 考核指标
奖罚标准	低于部分按 N% 比例处罚	N 万元	超出部分按 N% 比例奖励

（2）牧场年度产奶量考核指标确定后，年度产奶量奖罚标准如 3 - 19 所示。

表 3 - 19   年度产奶量奖罚标准

产奶量 （P）	一级	二级	三级
	P < 考核指标	P = 考核指标	P > 考核指标
奖罚标准	低于部分处罚 N 元/吨	不奖不罚	超出部分按每吨 N 元奖励

（3）牧场年度牛被动淘汰考核指标及奖罚标准。

牧场年度牛只被动淘汰率考核指标基数为 N%（公司因发展需要指定淘汰的牛只除外）。被动淘汰之急淘或急宰和疾病淘汰定义参照《奶牛淘汰管理作业标准执行》，牧场牛只数量按当年 1 月 1 日盘点的数量计算。如表 3 - 20 所示。

表 3 - 20   牧场年度牛只被动淘汰率奖罚标准

淘汰率	淘汰率 < 考核指标	淘汰率 = 考核指标	淘汰率 > 考核指标
奖罚标准	每头奖励 N 元	不奖不罚	每头处罚 N 元

（4）牧场年度奶牛繁殖考核指标及奖罚标准。

牧场牛只数量按当年 1 月 1 日盘点的数量计算，奖罚标准可根据牧场年度预算确定奖惩基数，如表 3 - 21 所示。

表 3 – 21　牧场年度奶牛繁殖考核指标及奖罚标准

繁殖率	繁殖率＜考核指标	繁殖率＝考核指标	繁殖率＞考核指标
奖罚标准	每头处罚 N 元	不奖不罚	每头奖励 N 元

（5）牧场年度绩效考核奖金分配方式。

年度绩效奖金主要用于牧场员工激励，牧场由于分班管理，原则上牧场场长、生产主管、技术主管、饲养班、挤奶班、繁育班、兽医班、综合班的年度绩效奖金分配比例为：A%、B%、C%、D%、E%、F%、G%、H%；不同牧场年度绩效奖金分配比例可根据牧场当年度的关注重点，予以不同比例分配。

三、绩效工资考核相关规定

（1）牧场整体产奶量、净利润未达成全年绩效考核指标的100%，牧场管理团队不计发年度绩效考核奖金，由牧业公司根据实际情况酌情考虑发放过节费。

（2）年度内出现任何重大安全生产事故（是否重大安全生产事故，由牧业公司安委会判定），视事故严重程度给予主要责任人、相关人员处罚，取消其年度绩效奖励，同时根据员工手册相关规定对主要责任人进行岗位调整；无年度重大安全生产事故，予以奖励，作为牧场奖励基金。

（3）年度内若出现重大疫情给牧业公司造成严重损失者（损失额达到牧场生物资产额的 N% 或者以上），视损失严重程度给予主要责任人、相关人员按一定比例处罚，取消年度绩效奖励，同时根据员工手册相关规定对主要责任人进行岗位调整；无年度重大疫情，予以总额奖励 N 元，作为奖励基金。

（4）年度内各牧场若出现重大资产安全问题者（如发生牛只、设备、设施、药品、饲料、冻精被偷盗现象），视损失严重程度给予场长、生产主管、技术主管、相关班长处罚，同时根据《员工手册》等相关文件对主要责任人进行降职、调岗或者开除处理。

（5）重大疫情事故为一票否决制，出现一次将取消年度奖励，同时对主要责任人进行处罚和调整。具体处理措施由牧业公司相关部门根据实际情况做出专门报告。

目标结果作为绩效考核体系的一个关键业绩考核指标，占据整个绩效考核体系的绝大部分比重。除在绩效考核中予以加减分外，牧业公司可将完成或未完成目标的牧场各班组、个人予以阶段性奖励或惩罚。

[第四章]

牧场管理作业标准

第一节　饲料采购管理作业标准

一、目的

规范饲料采购的标准、流程、申报，确保选择合适的饲料供应商；严格控制饲料价格、质量、数量，确保饲料采购科学、规范、高效，提供适质、适量、适价的原辅料，控制成本。

二、适用范围

本标准适用于牧业公司及下辖牧场的饲料采购管理。

三、作业内容

（一）采购委员会组织

（1）公司设立采购委员会，由牧业公司总经理、技术部经理、总公司财务部经理、财务部分管牧业公司主管、审计部经理、采购部经理、采购员组成。牧业公司总经理担任采购委员会主任，采购部经理负责决议案的执行。

（2）采购委员会原则上每季度举行一次饲料采购通报会议，开会时间由牧业公司总经理安排。

（3）若情况特殊需要时，牧业公司总经理可建议召集临时会议。

（4）采购委员会职责：①拟定饲料的采购政策并确保政策的执行；②依据总公司的技术标准，确保饲料的品质及合理的价格。

（二）采购权限划分

（1）单项采购金额在 5 万元以下的饲料采购，由技术部下达《各牧场饲料用量计划表》，经牧业公司总经理批准后，即可交由采购部下达《饲料采购单》。

（2）单项采购金额在 5 万元以上，或预计年度采购总额在 20 万元以上的大宗饲料采购，由技术部下达《各牧场饲料用量计划表》，经牧业公司总经理审核，提交总公司招投标确定供应商后，再经采购部分管副总经理、总公司总经理批准，方可交由采购部下《饲料采购单》。

（三）饲料采购方式

饲料采购方式参照公司《招标管理制度》执行。

（四）供应商选定及管理

（1）对于经常使用的饲料，采购部应维护相对稳定的供应商。供应商的选定及管理应建立供应商管理机制，形成供应商管理档案（《供应商档案》），作为日后询价、议价和供料的参考。供应商每半年评审一次。

（2）为确保货源，采购员对于经常采购的饲料，应寻找三家以上（含三家）的供应商作为储备或交互采购，以稳定货源、价格及质量。

（3）若供应商为贸易商或代理商时，采购员应调查其信誉、技术服务能力等，凭此作为判断是否为采购对象的依据。

（五）饲料采购作业流程

1. 信息收集

采购部随时询访、记录、掌握国内外重要原料的行情动态及足以影响原料供需的各种财经资讯，每月以《饲料行情月报表》向采购部经理、财务部经理、牧业公司技术部、牧业公司总经理汇报。

2. 采购申请

（1）每月 20 日前，各牧场将本牧场《饲料申购单》上网传送给牧业公司技术部。

（2）每月 25 日前，技术部根据各牧场《饲料申购单》，结合饲料配方等综合因素，汇成《各牧场饲料用量计划表》，报牧业公司总经理审批。

（3）技术部将牧业公司总经理审批后的《各牧场饲料用量计划表》，送达采购部办理采购作业。

（4）特殊原因的临时采购，亦按照本标准执行。

3. 采购作业

（1）采购部采购员接到《各牧场饲料用量计划表》后，应立即了解申购饲料的品名、规格、质量、数量和功能，经参考市场行情及供应商资料后，进行初步询价；初步询价后，采购部提请审计部、财务部、技术部再次询价；当采购部与审计部、财务部、技术部询价存在异议时，由牧业公司总经理最后定价，并报总公司采购部分管副总经理、总公司总经理核准。

（2）无论独家制造或代理商，采购部采购员至少应向三家以上供应商询价。

（3）若供应商报价的规格、质量与请购的规格、质量要求不符或属代用品者，采购员应随附资料，由牧业公司技术部签注意见后再行采购。

（4）在采购作业所需的全部条款与供应商达成一致后，采购员需填写正式的《饲料采购单》。《饲料采购单》需要列明至少下列条款：

a. 供应商资料：包括名称、地址、联系人、联系方式。

b. 采购物资的详细描述：包括品名、规格、质量要求等，如有超出标准的特殊要求需特别注明。

c. 订单所采购的数量、重量，单位包装数量、重量，包装件数。

d. 价格：单价，合计价、合同总额，定金或预付款。

e. 交付期：分批交付时应明确每批的交付时间和交付数量。

f. 付款方式。

g. 标识：物料本身或包装上的文字标记。

h. 所需的质量证明资料。

i. 发生质量问题时进行退换或其他处理方法。

j. 装箱清单和销售发票的要求。

（5）采购人员应控制饲料订购交期，及时向供应商跟催交货进度。

4. 饲料验收

（1）在饲料到达各牧场后，牧场检验员需审核供应商出具的《饲料出库单》《饲料检验报告》。单据上须注明品名、规格、数量、单价、金额、质量、成分等。

（2）各牧场检验员依据技术部制订的采购饲料质检标准进行验收（饲料验收标准、质检流程另行制订作业管理标准）。如饲料从感官上判断不符合成分标准时，及时通知技术部，由技术部与采购部协商处理；如感官上无法判断是否符合成分标准时，可先签收，须3日内采样送达总部技术中心检测。未经检测，一律不许使用。

（3）如检测出已入库的饲料确实低于验收标准，由总部技术中心出具《原料检验异常报告单》知会牧业公司技术部。由牧业公司技术部与采购部协商，要求采购部处理。

（4）当收到牧业公司技术部出具的《原料检验报告单》时，确因供应商饲料品质不合格，采购部依据《采购合同》规定，与供应商协商退货、换货。因此未于约定日期前入各牧场并验收合格入库者，应以逾期交货处理。

（5）采购部接到牧业公司技术部对现行供应商有交货品质不符标准、交货量不足、延误交期、售后服务不良等反映时，均应立即通知供应商，与供应商洽谈扣款、退货、换货、补交等事宜。经通知后仍未改善者，采购部应立即另行开发新供应商。

5. 饲料接收

（1）各牧场至少有两人在场检验，各牧场指派技术人员负责饲料质量的验收，由过磅员填制《磅码单》，仓管员办理饲料入库。仓管员以供货方的《饲料出库单》《饲料合格证》《饲料质检报告》

《原料检验报告单》《饲料入库单》《磅码单》作为收料原始依据。

（2）采购部以《饲料入库单》和《磅码单》作为实际采购数量。

6. 询价、议价、采购作业其他约定

（1）采购人员就公司经常使用的饲料，深入了解饲料规格、价格、成本结构，预估一个月的用量等资料后，选定三家以上供应商，请其报价，并与之议价；必要时，财务部、技术部可参与议价；议价时间不超过3个工作日，逾期视为同意。

（2）议价完后，采购部人员应拟订采购供应商，将《采购合同》并随附供应商报价资料呈请牧业公司总经理、总公司采购部分管副总经理、总公司总经理核准，完成订购手续。

（3）采购员应将每次定购的供应商及交易条件做好记录备查。

（4）采购部应注意长期性采购饲料的市场行情，遇成本结构中的原料上涨或下跌时，应及时判断再采购。

（5）若因其他原因导致牧场储备的饲料不足，急需采购补充饲料，否则造成饲养断粮危险时，应按急件方式办理。由牧业公司技术部提请呈文，报牧业公司总经理、总公司采购部分管副总经理、总公司总经理核准后即可采购，无需审计部、财务部审核。

7. 饲料付款

（1）整理付款凭证。

采购员负责整理付款凭证：采购部以《饲料入库单》《采购合同》《原料检验报告单》或询价单、合法发票作为付款凭证。

（2）执行付款程序。

a. 采购部在原料验收入库后，以《饲料入库单》《采购合同》为付款凭证，填写好《付款申请单》，连同发票按付款程序核批，

交总公司财务部经理审核后，交出纳依《付款申请单》汇款给供
应商。

b. 原则上，采购部应遵循先交货后付款的规定。特殊情况，如
先汇款可降低饲料价格或是难以采购到的饲料，可提前预付款，但
必须报总公司总经理批准；属月结货款者，采购员应先通知供应商
提前送发票，然后按程序办理付款。

4. 附件及其记录

附件 1 为《饲料申购单》（表 4 – 1）。

附件 2 为《各牧场饲料用量计划表》（表 4 – 2）。

附件 3 为《饲料采购单》（表 4 – 3）。

附件 4 为《供应商档案》（表 4 – 4）。

附件 5 为《饲料行情月报表》（表 4 – 5）。

附件 6 为《原料检验异常报告单》（表 4 – 6）。

表 4 – 1 饲料申购单

申购牧场名称：　　　　　计划使用月份：　　年　月至　　年　月

序号	品名	单位	规格	数量	质量要求	库存量	备注
仓管员 提交/日期		分管主管 审核/日期			牧场场长 批准/日期		

表 4-2　饲料用量计划表

牧场名称：　　　　　　　　　　　　计划使用月份：　　年　月

序号	品 名	单位	规格	数量	质量要求	建议供货商	库存量
技术部督导员编制/日期		技术部经理审核/日期			牧业总经理批准/日期		

表 4-3　饲料采购单

使用牧场名称：　　　　　　　　　　采购日期：　　年　月　日

序号	品 名	单位	规格	数量	质量要求	供应商名称	备注
采购员提交/日期		技术部经理核定/日期			牧业总经理审核/日期		
采购部经理确认/日期		采购部分管领导审核/日期			总部总经理审批/日期		

表 4 - 4　供应商档案表

序号	供应商名称	供应产品	地址	联系人	联系电话	信用等级	备注

表 4 - 5　饲料行情月报表

编制人：　　　　　　　　　　编制日期：　　年　月　日

序号	供应商名称	供应产品	合同价格	调整价格	市场价格	环比增长	调整时间

表4－6　饲料原料检验异常报告单

序号	饲料名称	问题原因	纠正措施	纠正日期	责任人

第二节 饲料验收和检验管理作业标准

一、目的

为了更好地对购进饲料做好定价并对质量进行把关，做好验收工作，确保饲料采购工作的透明度，确保牛群饲养基础工作的稳定，更好地发挥奶牛的生产性能，特制订饲料验收标准，严格控制饲料质量，避免不必要损失。

二、适用范围

本标准适用于牧业公司及下辖牧场的饲料验收和检验管理。

三、作业内容

（一）饲料质量验收小组及职责

1. 饲料质量验收小组组成

该小组基本上由三方面人员组成：牧业公司技术部经理，牧场生产主管、司磅员、仓库员，总公司采购部采购员。

组长：牧业公司技术部经理。

副组长：各牧场生产主管。

组员：仓管员、司磅员、采购员。

2. 饲料质量验收小组职责

饲料质量验收小组的职责如表4－7所示。

表4－7　饲料质量验收小组的职责

饲料质量验收人员	职责
技术部经理	负责饲料计划及牧场饲料采购审批，提请采购部做好饲料采购进度；参与供应商的选择与沟通，了解行情
牧场生产主管	负责牧场材料采购审核，监督饲料质量的验收，负责检验结果与合同的核对，不合格品的申报处理，验收工作的协调
采购员	与技术部经理一起确定供应商的选择，负责采购合同的签订，到货后知会技术部通知牧场司磅员过磅，对外送检与取回结果
司磅员	主持司磅计量工作，负责通知牧场分管副场长（科长）、仓管员到场验收
仓管员	协助饲料现场验收，负责饲料入库、存储、出库

（二）饲料司磅

（1）所有饲料（饲料添加剂）到货后，由采购员知会牧业公司技术部经理，牧业公司技术部经理负责通知牧场生产主管，再由牧场生产主管组织牧场仓管员、过磅员进行过磅。

（2）每车饲料，经总重称量及质量验收后，原则上应做好皮重称量手续。

根据实际求得净重（有外包装的饲料一律按5‰扣除外包装重

量；固定包装的饲料添加剂等，先过磅，再清点包数，两种方法计算就少不就多）。未经质量验收的饲料不予称皮重。

（3）不管称量总重还是皮重，车上均不留人。

（4）司磅员应与仓管员做好沟通，在确认现场验收合格后退皮，打印电脑称重单三份（一份交送货司机，一份付磅码单，一份留底），根据货物有无需要扣除水分、杂质、外包装等，开出磅码单。由司磅员将该批货物的称重单和磅码单一并交给仓管员。司磅员将每天所经收的饲料逐笔登记到《过磅单》。

（三）饲料验收

（1）过磅前，过磅员对货物进行简单的感官验收（验收内容包括饲料的数量与物理性状），经验收合格的方予过磅称重。当发现质量有异常情况时，请示牧场分管生产主管决定是否过磅收货。符合质量标准要求，称重后到仓管员指定位置进行卸货。

（2）当仓管员收到司磅员交来的有过磅员签名的磅码单后，再次现场确认无误后开具《饲料入库单》，连同电脑称重单、磅码单一并交到财务部。

（3）在验收过程中，仓管员必须在场，不时抽查饲料质量、杂质等，以进一步确定饲料的质量。发现质量有异常的及时告知牧场分管生产主管，由牧场分管生产主管抽取样品提交技术部，然后由技术部送至公司技术中心检验。当饲料检验结果出来后，化验员应及时将检验结果交给技术部。质量合格由技术部通知牧场分管生产主管收货，不合格由技术部通知采购部处理。

（4）饲料的最终验收合格必须是在检验结果符合合同规定的要求上。检验结构未达到公司要求的，由采购部通知供货方，按合同条款作不合格品处理。如饲料中检验出违禁药物或有毒有害物质，应立即通知供货方作退货处理。

（四）饲料验收和检验规定

（1）饲料质量验收小组对每批购进饲料质量的验收，必须根据实际把好验收关，不得有弄虚作假行为，不得出现接受供应商的吃请及收受供应商的财务等违纪违规行为。若出现把关不严现象，将根据公司考核细则进行考核。

（2）对不符合质量要求的饲料，可根据实际（以不影响奶牛生产为前提）以拒收、扣罚重量、降价、警告等方式进行处理。凡扣罚幅度超过20％的，应当即请示技术部经理审批，但也不能出现故意刁难供货商的行为。

（3）饲料验收小组每季度安排一次总结沟通会，总结采购、计量、验收工作。对在采购、计量验收工作中坚持原则，表现突出的给予奖分鼓励。

（4）做好业务公开，增加饲料采购及质量验收工作的透明度，由验收组长将饲料的价格定期给予公布，以利监督。

（五）饲料质量验收规定

1. 饲料质量验收标准

如表4-8所示。

表 4-8 饲料质量验收标准

饲料名称	理化指标（按原样）				分类	感官
	水分%	CP%（粗蛋白）	Ca%（钙）	P%		
豆粕	≤14.0*	>41.0*	0.29~0.35	0.55~0.67	精料	色泽鲜，具有相应产品的特性与气味，不掺杂，无发酵、霉变、结块、虫蛀及异味异臭
芝麻粕	≤10.0*	>38.0*	2.19~2.67	1.16~1.42		
菜籽粕	≤12.0*	>35.0*				
玉米	≤15.0*	>7.2*	0.01~0.03	0.24~0.30		
国产DDGS（进口DDGS）	≤12.5*	≥25.0（≥27.0）*	0.27~0.33	0.48~0.59		
棉籽	≤12.0*	≥21.0*	0.19~0.23	0.58~0.70		
麸皮	≤12.0*	>14*	0.20~0.24	0.89~1.09		
苹果粕	≤12.0*	>5.0*	0.74~0.90	0.19~0.23		
甜菜粕	≤14.0*	>7	0.77~0.95	0.45~0.55		
糖蜜	≤28.0*	>6.9	1.32~1.62	0.18~0.22		有糖蜜特有的香甜味，黏稠度大
小苏打	≤10.0				添加剂	粉碎度高，无异味，不掺杂。符合相关产品特性
磷酸氢钙	≤4.0		19.67~24.04	7.78~9.50		
石粉	≤2.0		31.67~38.71	0.13~0.15		
氧化镁	≤2.0		7.26~8.88			
乳利特	≤10.0					
苜蓿干草	≤12.0*	>18.0*	1.12~1.36	0.16~0.20	粗料	色泽鲜，叶片多，不掺杂，奶牛适口性好
羊草	<12.0*	>7.8	0.39~0.47	0.19~0.23		
玉米青	≤78.0	>3.0				不含腐叶，不掺水，新鲜青绿
玉米秆	≤80.0	>2.0				

饲料名称	理化指标（按原样）				分类	感官
	水分%	CP%（粗蛋白）	Ca%（钙）	P%		
菠萝渣	≤53.0*	>3.5			粗料	色泽鲜，有特有的香味，不含杂质，不腐败变质
啤酒渣	≤78.0	>5.4	0.06~0.08	0.11~0.13	糟渣料	能落地成堆，不成糊状，不掺杂，不腐败变质
豆皮颗粒	≤13.0	≥8.0			预混料或其他饲料	具有相应产品的特性与气味，不掺杂
牧盐	≤10.0					
犊牛颗粒料	≤10.0	>18.0	0.69~0.85	0.02~0.04		
益康xp	≤8.0	>17.0				
代乳粉	≤5.0	>20.0	0.80~1.00	0.60~080		有代乳粉特有的香味，溶解性、适口性好，不板结，不腐霉变

备注：标"＊"的为每批必检项目。

2. 饲料验收准则

（1）饲料品种的验收可从供货方的可信度（根据以往的供货质量、实力等方面考虑）、同行使用情况或按国家相关饲料质量标准执行。

（2）供应商对我方的验收结果存在较大分歧的，可以双方共同采样，送有关部门检验。

（3）为使饲料质量验收工作的准确度得到提高，应不定期对购进的饲料送外检验，以检验结果验证验收方法的可靠性。检测项目可根据饲料的特性进行选检或全检，检测项目包括蛋白质、水分、钙、磷等的含量；对饲料质量状况毫无把握的新饲料，必须通过检验后方能采购。

第三节　饲料加工管理作业标准

一、目的

为了更好地对饲料加工的过程及产品进行规范管理，使过程及产品能100%受控，投放给奶牛饲养的原料100%合格。

二、适用范围

本标准适用于牧业公司及下辖牧场的饲料加工产品标识、产品防护活动的控制。

三、作业内容

（一）加工分工

（1）牧场生产主管根据饲养班的用料计划负责编制饲料安排加工，并对产品进行标识。

（2）饲养班负责饲料加工过程的监视和测量，控制饲料的发放，监督饲料的加工，并保存相关记录。

（3）饲料加工人员根据牧场饲养班要求，进行饲料加工。

（二）加工要求

饲料加工合格率100％；饲料加工工序100％受控。

（三）操作程序

（1）饲料加工作业流程，如图4-1所示。

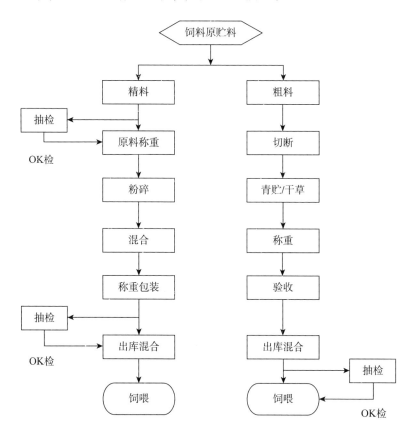

图4-1 饲料加工作业流程图

（2）技术部必须根据不同阶段的奶牛（犊牛、青年牛、泌乳牛等）需要制订科学的饲料配方，交给饲养组。

（3）饲料加工人员必须认真按饲料加工安全操作规程操作，严格按管理人员所提供的配方要求进行饲料配搭和加工。

（4）饲养管理人员按产品质量要求实施监控，当发现失控时，应立即报告公司主管领导。待查明原因，采取纠正和预防措施。

（5）饲料加工人员应注意设备、设施能力状态，发现异常或故障无法排除的，应通知维修班维修并向主管领导报告。

（6）饲料配方调整表格使用人一栏中饲料加工人员必须签名，审核人由饲养班班长签名确认。

（四）饲料标识

1. 分类

A 类：采购的各类饲料（原料）。

B 类：已加工的成品。

2. 方法

（1）公司采购的各类物资用标签及质量记录将物资的原包装及有关的质量记录进行标识。标识内容包括物资名称、进仓时间、有效期、是否已检验合格等。

（2）产品标识采用标牌标明品名、型号饲料加工日期及记录、饲料堆放位置作为标识。

（五）饲料追溯

从饲料的加工时间或抽查的样板可追溯到原料及加工过程。

1. 产品防护

（1）应对成品的品种进行标识，并作分堆存放。

（2）搬运要求轻放轻拿、堆码整齐，严禁野蛮作业。

（3）包装前应认真检查选取的包装袋。包装袋应完好及符合规格（作标包处理）。

2. 饲料存放

饲养班必须确保产品存放地点通风、防水、防潮，不得混入杂物，以防产品变质；同时做好加工车间及仓库的防虫灭鼠工作。

3. 饲料检验

（1）饲养班不定期对饲料进行抽查化验分析，确保饲料按配方进行配料，保证奶牛的营养需要。检验出的不合格品的处置按《不合格品处理办法》执行。

（2）对所有饲料原料及混合精料，均需由 TMR 组凭饲料投放并填写领用登记表，其他人员不得领用。

第四节　牧场饲料原料质量标准

一、目的

规定奶牛饲料原料的质量标准及试验方法，使奶牛饲料原料能够按质采购，保证饲料的质量，从而提供优质的鲜奶。

二、适用范围

本标准适用于牧业公司及下辖牧场的奶牛所用的饲料原料管理。

三、相关质量标准

（一）精料部分

1. 高产料

（1）感官性状：清香味，无发热、霉味、结块及异味异嗅，无掺杂物。

（2）蛋白质≥19.43%。

（3）粗纤维≤6.0%。

（4）粗灰粉≤9.5%。

（5）钙≤1.5%。

（6）总磷≥0.3%。

（7）食盐：0.5%～1.0%。

（8）水分：≤13%。

2. 基础料

（1）感官性状：清香味，无发热、霉味、结块及异味异嗅，无掺杂物。

（2）蛋白质≥16.43%。

（3）粗纤维≤6.0%。

（4）粗灰粉≤9.5%。

（5）钙≤1.5%。

（6）总磷≥0.3%。

（7）食盐：0.5%～1.0%。

（8）水分：≤13%。

3. 干奶料

（1）感官性状：清香味，无发热、霉味、结块及异味异嗅，无掺杂物。

（2）蛋白质≥17.26%。

（3）粗纤维≤6.0%。

（4）粗灰粉≤9.5%。

（5）钙≤1.5%。

（6）总磷≥0.3%。

（7）食盐：0.5%～1.0%。

（8）水分：≤13%。

4. 后备料

（1）感官性状：清香味，无发热、霉味、结块及异味异嗅，无掺杂物。

（2）蛋白质≥16.9%。

（3）粗纤维≤6.0%。

（4）粗灰粉≤9.5%。

（5）钙≤1.5%。

（6）总磷≥0.3%。

（7）食盐：0.5%～1.0%。

（8）水分：≤13%。

5. 犊牛料

（1）清香味，无发热、霉味、结块及异味异嗅，无掺杂物。

（2）蛋白质≥19.2%。

（3）粗纤维≤6.0%。

（4）粗灰粉≤9.5%。

（5）钙≤1.5%。

（6）总磷≥0.3%。

（7）食盐：0.5%～1.0%。

（8）水分：≤13%。

（二）辅料部分

1. 啤酒糟

（1）感官性状：新鲜，色泽金黄色，有啤酒的芳香味，无发酵、酸败味、霉味及异味异嗅，无掺杂物。

（2）水分≤60%。

（3）CP≥8.0%。

2. 生木菇条

感官性状：木菇肉色泽嫩白，无霉烂、无斑点、无霜打，粗纤维≤18.0%。

3. 木瓜果

感官性状：皮青或金黄色，新鲜果肉淡黄色或嫩白色，口感轻脆，有木瓜特有的芳香味，无霉烂、无虫害，表面无农药、无污染。

（三）粗料

1. 苜蓿干草

（1）感官性状：青绿色，无发霉、无质变、无泥渣。

（2）CP≥19.0%。

（3）水分≤13.5%。

（4）杂草含量≤1.0%。

（5）泥渣≤0.5%。

2. 羊草

（1）感官性状：淡绿色，手感干爽，无霉变、无毒害。

（2）CP≥8.0%。

（3）杂草含量≤2.0%。

（4）泥渣≤0.5%。

（5）水分≤13.5%。

3. 青草

感官性状：叶青无根渣、无霉烂、无发热、无农药、无污染。

4. 青贮玉米

（1）青贮玉米原料：在玉米粒达到腊熟期的全株玉米，叶青无腐烂，水分为 65% ~ 75%。

（2）青贮方法：切碎装填密封。将玉米秸秆切碎至长度为 2 ~ 3 厘米，边切碎边装填并且层层压实，排出空隙内的空气。装填四壁要坚实平整，四角紧实，装填垂直高度应高于窖面 1 米以上，使下沉后青贮料仍高于窖壁，而不形成积水，表面要平实。装填后的原料应在 1 ~ 3 天内尽快封窖，用聚乙烯薄膜和泥土等封顶，做到不积水、不漏水、不透气、不透光，形成厌氧环境，有利于乳酸菌发酵，降低发酵温度。为了保证营养少受损失，发酵温度在 35℃ ~ 40℃ 为适。

（3）青贮玉米质量感官标准：pH 值为 3.4 ~ 4.2，水分 70% ~ 75%，气味甘酸香味，色泽为亮黄色，质地手感松散柔软湿润。

5. 稻草

感官性状：无霉变、无发热、无腐烂，色泽鲜黄色，无霉味，质地松散柔软手感干爽，水分 ≤12.0%。

四、原料检测项目表

表 4 - 9　原料检测项目表

序号	产品名称	感官性状（含杂质霉变损害粒等）	水分	粗蛋白	钙	磷	盐	脲酶	显色反应（掺假鉴定）	其他
1	高产料	√	△	△						
2	基础料	√	△	△						
3	干奶料	√	△	△						
4	后备料	√	△	△						

续表

序号	产品名称	感官性状（含杂质霉变损害粒等）	水分	粗蛋白	钙	磷	盐	脲酶	显色反应（掺假鉴定）	其他
5	犊牛料	√	△	△						
6	啤酒糟	√	√	√					√	ASH
7	生木菇	√	√	√					√	
8	木瓜果	√	√	√					√	
9	苜蓿干草	√	√	√					√	
10	羊草	√	√	√					√	
11	青草	√	√	√					√	
12	青贮玉米	√	√	√						pH 值
13	稻草	√	√	√					√	

备注："√"表示必检项目，"△"表示月检项目，"其他"表示必要时检验

第五节　仓储管理作业标准

一、目的

为使公司生产所需原料、生产的饲料成品、生产所需的包装物及原料使用后的包装物仓储作业有所遵循，特制订本管理作业标准。

二、范围

本标准适用于牧业公司及下辖牧场的仓储管理。凡有关牧场生产所需原料，生产的饲料成品，生产所需的包装物及原料使用后的包装物，其入库、储存、管理、领用、发货、处理等事务，均依本标准的规定办理。

三、定义

（1）"五五化"堆码：是仓储管理中常用的一种方法。储存商品时，以"五"为基本单位，堆成总量为"五"的倍数的垛形，如梅花五、重叠五等。采取这种方式堆码，有经验的人可以过目成数，大大加快人工点数的速度，减少差错。

（2）苫盖：是指采用专用苫盖材料对货垛进行遮盖，以减少自然环境中的阳光、雨雪、刮风、尘土等对货物的侵蚀、损害，并使货物由于自身理化性质所造成的自然损耗尽可能地减少，保护货物在储存期间的质量。常用的苫盖材料有帆布、塑料膜、铁皮、铁瓦、玻璃钢瓦、塑料瓦等。

四、流程图

（1）仓储管理总流程：填写饲料、药品、低值易耗品采购追溯记录表→入库管理→储存管理→出库管理→盘点管理→呆料、废料处理。

（2）入库管理分流程：接货→检验凭证→验货→入库→复核→登账→建档。

（3）储存管理分流程：堆码→防护→防治→先进先出→评估库存周转。

（4）出库管理分流程：复核→放行→登账。

五、作业内容

（一）仓管员工作制度

（1）各仓管员应负责整理仓库物质的检验、入库、储存、保管、出库及账务报表的登录等工作。

（2）仓库物资实行先进先出作业原则，并按此原则分别决定储存方式及位置。

（3）仓库不准代私人保管物质，也不得擅自答应未经领导同意的其他单位和部门的物质存仓。

（4）任何人员除验收时所需外，不准将仓库物资试用试看。

（5）除仓管员和因业务工作需要的有关人员外，未经许可，任何人不得进入仓库。

（6）仓库严禁烟火。配置的消防器材，仓管员应会使用，并定期接受牧业管理部的安全检查和监督。

（7）仓管员对物质进、出仓，应当即办理手续，不得事后补办；应保证账物相符，经常核对，并随时受牧业公司总部或总公司财务部稽核人员的抽点。

（8）每月仓库应盘点一次，检查货的实存、货卡结存数、物资明细账余额三者是否一致；每年年终，仓储人员应会同财务部、采购部门共同办理总盘存，并填具《物质盘点表》。

（9）仓库物资如有损失、贬值、报废、盘盈、盘亏等，应及时上报牧业公司总经理，分析原因，查明责任，按规定办理报批手续。未经批准一律不得擅自处理；仓管员不得采取"盈时多送，亏时克扣"的违约做法。

（10）保管物资未经牧业公司总经理同意，一律不得擅自借出。

（11）仓管员下班离开前，应巡视仓库门窗、电源、水源是否关闭，以确保仓库的安全。

（12）实施电脑化后，各种仓库管理运作表格由电脑制表，仓管员应不断提高自身业务素质，提高工作效率。

（二）入库管理标准

1. 物料的类别

（1）原材料包括精饲料、粗饲料。

精饲料包括玉米、豆粕、DDGS、复合预混料、磷酸氢钙、碳酸氢钙、美可佳 150、美可佳 170、代乳粉、益康 XP、8113、97500C、美加力饲料添加剂、菜粕等。

粗饲料包括苜蓿草、青喂玉米秆、青贮玉米秆、羊草、燕麦草、象草、颗粒豆皮、棉籽粕、酒糟粕、啤酒糟、麦渣、木薯渣等。

（2）辅助材料包括药品、冻精、燃料、生产用低值易耗品。

低值易耗品的特点是价值低、品种多、数量大、易耗损、使用年限短、购置报废频繁、可多次使用，注意与固定资产加以区分。

特别说明：原材料的分类要统一，一种原材料只能属于一种类别。

2. 物料计量

（1）原材料的名称要统一。名称可用发票、采购清单、产品标识、产品主要构件描述。

（2）原材料的计量单位要统一。计量单位要遵循一致、恒定、最小化三原则。

一致原则："前后一致、左右一致"。

恒定原则：初始入库计量后，保持初始计量单位不变。

最小化原则：细分至最小计量单位。

（3）物质的入库是指根据供货合同的规定，完成物质的接货、验收和办理入库手续等业务活动的全过程。物质入库前应登记《物质采购追溯记录表》，以便政府相关主管部门检查；入库必须填写《物质入库单》，并在与相应的《供货合同》相一致的条件下方可入库。

3. 接货

接货应做到准备充分，手续清楚、责任分明、单据和凭证齐全。

接到到货通知后，应了解货物的类别、特性、数量、件重等具体情况，安排和准备卸货场地及货位，准备卸货、搬运设备及劳动力，并通知检验员做好准备。

4. 检验凭证

凭证检验的依据是供货合同。它包括的主要内容有物质规格、型号、数量、供货单位、供货方式、时间、地点、包装标准、责任区分及争论解决方式、双方主管人签章。

5. 货物检查和验收

首先对货物进行外观检查，看有无受潮、进水、破损、变形、污染等现象；核对到货品名、规格、型号、标志、数量、发货单位、收货单位等是否正确。如发现有不相符的现象，仓管员有权拒绝办理入库手续，并视其程度报告采购部、技术部处理。货物内在质量的检验，参照《饲料验收和检验管理作业标准》执行。

6. 入库

货物验收合格后，应立即办理入库手续。入库时应进行以下工作：

（1）复核。

主要复核内容如下：

a. 货物验收记录、《物质入库单》和各项资料凭证是否移交清楚完整。《物质入库单》是仓库据以接收物质的唯一凭证。《物质入库单》应包括：物质来源、收货单位、物质名称、品种、规格、数量、单价、实收数、收单时间、签收人等内容。

b. 复核入库货物与上架、上垛货物是否相符，编号是否正确，件数是否准确，计量测试记录与实物批号是否符合。

c. 货物应挂上的货牌是否准确到位，在输入电脑的建账数据是否已准确录入，账、牌、物三者是否相符。

（2）登账。

登录货物保管明细账，无论用计算机或手工生成，都应详细反映仓库货物进、出、结存的准确情况。主要内容有：货物编号、入库日期、品名规格、数量、单价、收入、支出等。登录或消除保管账必须以正式收发凭证为依据。账目不得任意涂改，必要修改时应加盖订正章。账目应做到：

a. 实记录入、出、结存数，账物相符。

b. 笔笔有结算，日清月结，不做假账。

c. 手续健全，账页清楚，数据准确。

d. 坚持会计记账规则，严格遵守。

e. 出现问题，经处理后，账面要明确反映，并如实说明。

（3）建档。

应建立库存货物档案，以备处理问题时取用，也便于总结提高仓储管理水平。

a. 将每份入库单所列的到货原始资料和凭证，验收资料及相关问题处理的资料和凭证，出、入库及存储期相关记录和资料等分别装订成册建立档案，由各库区保管员统一保管。

b. 档案要统一编号，以便查阅。

c. 档案部门保管期为一年，到期交由管理部统一存档。

d. 电子计算机仓储管理系统，要设立档案管理子系统，以辅助档案管理工作。

（4）入库特别说明。

供应商及物料名称：

a. 供应商名称根据购货发票或购货合同所列示的供货商名称录

入，保证合同、发票、入库单三者的供应商名称统一；

b. 物料名称要求："长""全""准"，物料名称要保持前后一致，如收到发票与之不符，应要求采购人员更正发票上的物料名称。如麦渣应开具麦渣的发票。

入库时间：实物与单据的同步。实物一入库，即开具入库单。不允许月末才填开入库单。

入库地点：非仓库莫属，未领用出库的原材料只可在仓库存放。

入库单内容：原材料品名、规格、计量单位、数量、单价、金额、仓管员签名（对入库单内容的负责，对实物的负责）。

（三）贮存管理作业标准

1. 堆码

（1）堆码原则。

a. 保证货物不变形，且能确保人员、货物及设备的作业安全。

b. 方便管理人员收发、盘点和维护，便于装卸搬运作业。

c. 便于信息系统管理，充分提高作业效率和仓储利用率。

（2）码垛要求。

a. 轻启轻放，大不压小，重不压轻。标志直观清晰，标签朝外。

b. 四角落实，整齐稳当。

c. 通道宽度适当，方便作业。

d. 对不同品种、规格型号、批次及不同生产企业的货物要分开堆码。码垛间距为10厘米。为保证"先进先出"的方便，要按进货先后的顺序堆码。

e. 袋装货物定型码垛，重心应倾向垛内；纸箱包装和桶装货物箱口应向上；破包货物要另行堆放。

f. 堆码的货物必须是验收完毕，允许入库的；应包装完好，标志清楚。

（3）堆码方法。

堆码作业依靠叉车等设备与人工相结合，并按照贮存要求进行动作。

a. 对袋装货物，可采用方便于计量的"五五化"堆码法，便于过目成数、整齐、方便盘点和出库。

b. 对规格品种繁多的小件物质和零件，应采用货架式堆码法。存放时要分清品种、规格、型号等，同类货物应尽量存放在相同的货架，便于存取。

c. 托盘式堆码法：根据货物的包装情况，及仓库的存重压力进行运作。

（4）垫垛。

垫垛的目的在于隔潮，应根据货物性能和气候条件来确定。垫垛材料可采用油毡、垫板等。木料作垫料时要经过防潮、防虫处理。

（5）苫盖。

为了防止货物受潮，可采用苫盖的形式。苫盖后的货垛应稳固、严密，不渗漏雨雪。可供用雨布、油毡、帆布等，就货物堆码外形，把苫盖物直接敷盖在货物上面。

2. 防护

（1）仓库温湿度控制法。

a. 通风

利用库内外空气温度不同而形成的气压差，使库内外空气形成对流，达到调节库内湿度的目的。通风时应开启背风面上部的窗户，并打开库门，以促进库内空气的完全循环。仓管员可根据实际情况，确定通风时间的长短和通风时开启门窗的数目。在有风的日子，借风的压力更能加速空气对流，但风力不能过大（风力超过 5 级时灰尘较多）。

对怕热类物资，主要是利用通风降温。在炎热季节，对空气温度条件要求不高的物资，可在夜间或凌晨 6 点左右通风，每星期 1 ~ 2 次。

对怕冻类物资，是利用通风提温。在寒冷季节，需在阳光充足、库外温度最高时通风，一般在下午 2 点至 3 点左右进行。可每天进行。

对怕潮类物资，是利用通风降潮。通风时应选择库外绝对温度小的条件情况进行，秋冬季这种条件最多，春季其次，夏季最少，可在适当的时机进行。

在库内悬挂干湿表，表应安置在空气流通、不受阳光照射的地方，不要挂在墙上，挂置高度约 1.5 米左右。每日必须对库内温湿度进行观测，以确定库内温湿度的变化。

b. 吸潮

在梅雨季节或阴雨天，不宜进行通风散潮时，可在库内用吸潮的办法降低库内湿度。可使用吸潮剂或机械吸潮的方法。

（2）仓储物资的霉腐防治法。

a. 加强入库验收。易霉物质入库，首先应检验其包装是否潮湿，在保管期间应特别注意勤加检查，加强防护。

b. 加强仓库温湿度管理，尤其是在梅雨季节，极易生长霉菌。

c. 选择合理的储存场所。易霉物质应尽量安排在空气流通、光线较强、比较干燥的库房，并应避免与含水量大的商品同储在一起。

d. 合理堆码，下垫隔潮。商品堆垛不应靠墙靠柱。

e. 做好日常的清洁卫生。仓库里的积尘能够吸潮，容易使菌类寄生。

f. 化学药剂防霉。可采用适当的化学药物放在货物或包装内进行防霉腐。

g. 对已经发生霉腐但可以救治的物资，应根据物资性质选用晾晒、烘烤、熏蒸等方法以防霉腐继续发展。并对物资重新进行小样试验，合格者继续使用。

3. 仓库虫害、鼠害的防治

（1）每半年对库区进行一次药物防虫、杀虫的防治，并不定期地进行捕鼠活动。

（2）保持库区的清洁卫生，使害虫及其他生物不易生长和隐藏。

（3）入库物资的虫害检查及处理。

4. 先进先出（FIFO）

采用物料先进先出的管理方式，可防止物料由于长时间堆积而发生变质。

（1）保证"先进先出"，应按进货先后的顺序堆码。

（2）对仓库内的场地进行有效、合理的库位划分及管理。仓管员应熟识库位的运用及规则。

（3）对库位现场进行看板式管理，明确有效地执行出货任务。

（4）在库存卡及登录的账簿上，同类同厂同规格的物资每年年初按进货的时间顺序从 1 开始编号。出库时，仓管员应检查库存卡上该货物最早批次的留存量，并按"先进先出"的原则发货。

5. 安全库存

各牧场确保现存饲料能满足牧场牛群七天的使用量，低于七天使用量，必须提请饲料采购申请。

（四）出库管理标准

1. 出库管理规定

货物出库应遵循"先进先出、推陈出新"的原则。《物质出库单》内容包括：日期、品名、货物入库时的批号、规格型号、数量、收货人签字、仓管员签字等。

相关规定如下：

（1）出库时间的规定。

实物与单据的同步：实物一出库，即开具出库单，遵循三不准原则：一不准月末才开出库单；二不准无出库单的出库；三不准月末根据库存数量倒推本月出库数量。

（2）出库记录的规定。

每日登记《饲料出库单》《药品出库单》《低值易耗品领用出库单》，物料发放时领用人必须在表格上登记，仓库保管员负责核对后发放，不允许未经仓管员同意擅自领用饲料、药品、低值易耗品、燃油等。仓管每旬根据牧业饲养员填写的 TMR 投料记录表统计精饲料、粗饲料的耗用数量，与精料收发存日报表、日粮投料成本统计表进行核对，月末计算出损耗数量，月末结合入库单、出库单记录编制收发存明细及汇总表。

（3）出库实物的监察。

监督打料员按照配方标准打料配料，检查打料员的打料记录登记表，检查投喂员 TMR 的投料记录是否完整。码放在牛舍的已出库实物，要由饲养员负责保管，由仓管员负责检查。喂牛的已出库实物，要由饲养员登记喂养记录，由仓管员负责检查。

2. 出库作业流程

（1）复核。

a. 对出库单，应核对数量、规格品种与库存是否有出入。

b. 检查包装的完好性，凡包装破损未经修复加固一律不准出库。无论是否仓库原因导致的破损，均应修复，标志应清楚、完好。

c. 经复核确认无误后，即可允许放行出库。

（2）放行。

根据货物实发情况，仓管员开具出门证，交提货或发运人员作为出门交门卫放行的依据。

（3）登账。

登录货物保管明细账，无论用计算机或手工生成，都应详细反映仓库货物进、出、结存的准确情况。主要内容有：物资编号、出库日期、品名规格、数量、收入、支出等。登录或消除保管账必须以正式收发凭证为依据，账目不得任意涂改，账目应做到：

a. 如实记录入、出、结存数，账物相符。

b. 笔笔有结算，日清月结，不做假账。

c. 手续健全，账页清楚，数据准确。

d. 坚持会计记账规则，严格遵守。

e. 出现问题，经处理后，账面要明确反映，并如实说明。

（五）盘点管理作业标准

物资盘点检查是指对仓库保管的物资进行数量和质量的检查，以清点库存物资的实际数量，做到账、物、卡三相符；查明超过保管期限、长期积压物资的实际品种、规格和数量，以便处理检查库存物资盈亏数量及原因。

通过盘点要求做到：库存物资数量清、规格清、质量清、账卡清，盈亏有原因，事故损坏有报告，调整有根据，确保库存物资的准确。

1. 盘点检查的内容

（1）检查物资实存量与账、卡的数字是否相符，查明物资盈亏的原因。

（2）查明库存物资的质量状况，有无锈蚀、霉变、潮解、虫蛀等情况，必要时重新进行小样检验。

（3）查明有无超过保管期限及长期未使用的积压物资，并查明积压原因。

（4）检查堆垛是否稳固，场地有无积水和杂物，库房有无漏雨，门窗通风孔是否良好，库房温湿度是否符合保管要求，清洁卫生是否符合要求等。

（5）检查计量工具是否准确，使用与维护是否合理。

（6）检查各种安全措施和消防设备是否齐全，是否符合安全要求。

2. 盘点检查的方法

（1）盘点检查原则。

针对仓库管理人员在日常物资发生动态变化时，应进行分批、分类盘点法。仓库在收到每一批物料，事先制订收、发料库存卡，拴附在每一批包装件上。当每次发料时，立即在库存卡上记录下来，并将申请单保存。在盘点时，通过它查对该批物资发放数与申请单及实存数是否相符。

（2）重点盘点法。

对储存保管的重点物资用重点盘点法进行定期清查。在每年的 7

月初，由财务部、仓管员、质量检验人员共同进行清查，在盘点中应先对库存物资质量进行核查，再确定物资的数量、品名、规格，主要用以掌握库存重点物资的变动情况，防止并及时发现差错，并填具《物质盘点表》，以备有关部门及牧业总经理参考及查阅。

（3）定期盘点法。

在每月 5 日前，对库存物资的质量进行全面的核查和盘点。为了减少盘点中的混串和疏漏，使盘点结果能获得准确的数字，需关闭仓库，全面清理，因此要求在定期盘点工作开始之前，做好充分的准备，以确保盘点顺利进行。

定期盘点前的准备工作主要有：

a. 编组集训。定期盘点需要建立临时性的具有一定形式的联合组织。由牧业公司技术部、财务部、审计部、牧场分管副场长、牧场仓管员组成，盘点前要统一认识、统一方法，以避免人为的差错。

b. 清理仓库。盘点之前，要对仓库物资进行一次清理，要求做到：

对尚未办理入库手续的物资应予以标明，不在盘点之列；

对已办理入库手续的物资要尽快发出或做好标记，亦不在盘点之列；

对物资的码垛、货架及其间的物资进行整理，以便于统计计算；

检查计量器具，并进行调整，使其在规定的误差范围之内。

c. 对物资名称、品种、规格要统一口径，计量要统一单位、统一方法，尽量避免因技术概念不确切。计量方法不统一而导致盘点结果发生差错。

d. 每月配合会计部门定期对仓储存货情况进行全面盘点。

e. 若盘点数量与账面数量有差异时，由仓管员在《物质盘点表》备注，送牧场仓储分管领导分析差异原因，并寻求改善对策。

（4）盘点规定。

a. 盘点前的准备工作：

物料的归类：采用五五堆放法按顺序整齐摆放物料，避免盘点时无法清点数量。

盘点表的准备：将当天要出库的物料进行手工统计，制作盘点表。

b. 盘点结束后的核对工作：与系统数据进行核对，保证库存数量的账实相符，按时提交存货收发存报表给会计进行复核。

（六）呆料、废料的处理

（1）仓库内若发现有结块、霉变的呆废料，要及时报告牧场场长，由场长、技术部、采购部协商处理。

（2）废料发生时，可进行筛选，经品质检验若能用的应尽快使用，不能再使用的应报告技术部处理。

六、相关附件和记录

附件 1 为《物质采购追溯记录表》（表 4 – 10）。

附件 2 为《饲料入库单》（表 4 – 11）。

附件 3 为《药品入库单》（表 4 – 12）。

附件 4 为《低值易耗品入库单》（表 4 – 13）。

附件 5 为《饲料出库单》（表 4 – 14）。

附件 6 为《药品出库单》（表 4 – 15）。

附件 7 为《低值易耗品出库单》（表 4 – 16）。

附件 8 为《仓库精料（成品）收发存日报表（高产)》（表 4 – 17）。

附件 9 为《日粮投料成本统计表》（表 4 – 18）。

附件 10 为《物质盘点表》（表 4 – 19）。

表 4 – 10　物质采购追溯记录表

牧场名称								年度			
序号	采购日期	投入品名称	采购量	批准文号	供应商	供货方信息		经办人	备注
						姓名	电话		

表 4 – 11　饲料入库单

牧场名称：

日期	物料代码	品名	供应商	单位	数量	含运费单价	含运费金额	采购订单	收货凭证	取消收货

表4－12　药品入库单

牧场名称：

日期	药品代码	品　名	供应商	单位	数量	含运费单价	含运费金额	采购订单	收货凭证	取消收货

表4－13　低值品入库单

牧场名称：

日期	物料代码	品名	供应商	单位	数量	含运费单价	含运费金额	采购订单	收货凭证	取消收货

表 4 - 14   饲料出库单

牧场名称：

序号	出库日期	品名	入库批号	数量	领料人签名	仓管员签名	备注

表 4 - 15   药品出库单

牧场名称：

序号	出库日期	品名	入库批号	数量	领料人签名	仓管员签名	备注

表 4 – 16   低值易耗品出库单

牧场名称：

序号	出库日期	品名	入库批号	数量	领料人签名	仓管员签名	备注

表 4 – 17   仓库精料（成品）收发存日报表

牧场名称：   单位：千克

日期	期初数量	收入数量	发出数量	期末结存数量

表 4－18　日粮投料成本统计表

牧场名称：　　　　　　　　　　　　　　　　　　　　　单位：千克

日期：	年　月　日		早/中/晚			栋别/牛头数					
饲料名称	单价元/KG	标准配方				畜牧员配方				TMR 投料记录		
		头天用量	头天成本	配方用量	总成本	头天用量	头天成本	配方用量	总成本	头天用量	头天成本	配方用量	总成本
苜蓿草												
燕麦草												
青贮												
豆粕												
羊草												
棉籽												
菜粕												
玉米												
糖蜜豆皮												
预混料												
碳酸钙												
碳酸氢钠												
食盐												
小计												

表 4－19　物质盘点表

牧场名称：　　　　　　　　　　　　　　盘点日期：　　　年　月　日

编号	存货名称	存货规格	存货单位	期初数量	期初金额	收入数量	收入单价	收入金额	发出数量	发出金额	结存数量	结存金额

第六节　奶牛舒适度管理作业标准

一、目的

提升奶牛舒适是奶牛福利的一部分，确保奶牛吃、喝、休息、挤奶标准化运作，为奶牛提供充足的优质新鲜饲料，清洁卫生的饮水，新鲜的空气，柔软、干净的休息场所，足够的活动空间，保障奶牛蹄部健康和起卧都很轻松。

二、范围

本标准适用于牧业公司及下辖牧场的奶牛舒适度管理。

三、作业内容

（一）奶牛舒适度管理原则

（1）始终保证奶牛躺卧在干燥和松软的地方是奶牛减少乳房炎、蹄病和提高发情观察、干物质采食量、产奶量的关键措施。

（2）分娩时保证奶牛处在干净、干燥和松软的区域是有效预防产后疾病，降低淘汰率的最好方法。

（3）治疗区域舒适度的好坏直接决定治疗结果的好坏。

（4）保证犊牛处在干净、松软、干燥的区域是预防犊牛疾病，提高犊牛生长的有效措施。

（5）舒适度维护时不要影响奶牛的采食和休息，更要注意奶牛的安全。

（6）垫料的选择：干燥、松软，不会给奶牛带来危害的物质。

（7）做好牛群的分群管理。

（二）奶牛舍舒适度维护

1. 泌乳牛舍舒适度维护

（1）泌乳牛舍每日必须清理 2 次粪污，每次清理时均将卧床上的粪污进行清理，并整理好卧床。

（2）每个牛舍配备专职清理工，负责该牛舍的卧床维护、死角清理、饮水槽打扫。

（3）每次牛群离开牛床前往挤奶厅时，开展清粪工作。必须在挤奶牛返回牛舍前将走道粪便推出并清理干净；不允许挤奶牛舍在有牛的状态下机械清理作业。

（4）任何垫料都要保证厚度不小于 15 厘米，同时垫料必须与牛床外沿高度保持水平，卧床朝里的部分必须稍高于外部（但不能过高形成山脊状），方便奶牛躺卧。垫料添加必须做到每周定期进行。

（5）所有牛舍清粪完成后，保证舍内干净、无粪污死角。

（6）每周二、四、六晚班挤奶时进行填垫料。

（7）饮水槽上的粪污每次产粪都必须清理干净，水槽每天清洗一次。

2. 犊牛舍舒适度维护

（1）每日清理 1 次犊牛舍（岛）垫料上的粪污，保障犊牛垫料干燥、舒适。

（2）每周更换（或添加）犊牛舍垫料 1 到 2 次，但必须保证垫料干燥、舒适，保障垫料厚度不小于 15 厘米。

（3）保障犊牛饮水桶的干净、卫生，并做到 24 小时有水。

3. 其他牛舍舒适度维护

（1）后备牛舍每日至少清粪 2 次（上下午各一次），清理标准及要求同泌乳牛舍。

（2）后备牛舍每周清理 1 次饮水槽卫生，清理标准同泌乳牛舍。

（3）后备牛床的垫料必须每周添加，做到垫料厚度不小于 15 厘米。

（三）特殊区域舒适度管理要求

1. 产房舒适度的维护

（1）产房必须做到每日添加垫草，对被污染的垫草、胎衣等要立即清理。

（2）产房必须时刻保证分娩状态下垫草干净、干燥、松软。

2. 病牛区舒适度的管理

（1）病牛区良好舒适度的维护直接决定治愈成功率，干燥、松软是最基本的要求。

（2）病牛必须独立分群饲养。

（3）病牛舍必须做到每日清理粪污 3 次，每次清理时必须将卧床上的粪污同时清理干净。保障病牛舍干净、卫生。

（4）病牛舍卧床必须做到每日添加垫料。

3. 运动场舒适度的管理和维护

（1）每个月定时清理运动场，并将垫料添加后，机械耙松运动场 3 次。

（2）雨雪天气运动场泥泞时，禁止奶牛处在运动场上。

（3）运动场保持干燥、松软。

（四）其他要求

（1）饲喂通道必须每日上午撒料前打扫 1 次，每次打扫完成后保证饲喂通道尘土厚度小于 1 毫米，无剩料及其他物品残留。

（2）牛舍内水槽水温必须保持在 5℃ ～27℃，冬季水温必须达到 13℃。

（3）所有牛舍及时采取通风措施。

第七节 牧场卫生防疫管理作业标准

一、目的

卫生、防疫工作是牧场生产管理的基石，各项制度必须首先服从于卫生、防疫工作；卫生、防疫工作是牧场永久的日检工作；卫生、防疫工作的目的在于养健康的牛、产优质的奶，为消费者负责，为企业负责。

二、范围

本标准适用于牧业公司及下辖牧场的卫生防疫的管理。

三、定义

第一责任人：牧场卫生、防疫工作的第一责任人是牧场场长，场长必须亲自负责、组织、落实、检查各项卫生防疫工作。

四、作业内容

（一）卫生防疫目标

1. 卫生、防疫工作的效果要求

（1）杜绝传染源、切断传播途径、避免疫情发生。

（2）当发生疫情时，组织工作严密，技术措施迅速有效到位，把疫情于第一阶段扑灭。

2. 卫生、防疫工作的内容及技术要点

（1）工作内容：《牧场卫生工作条例》《牧场防疫工作条例》《疫情期防疫应急方案》。

（2）技术要点：《环境防疫技术》《牛群防疫技术》。

（二）牧场卫生工作条例

1. 建立卫生制度

（1）牧场场长是卫生工作第一负责人。

（2）划分卫生包干区（点），落实到人。

（3）定期与不定期检查，每月至少三次，并做到奖优罚劣，形成记录。

2. 齐全卫生设施

（1）食堂卫生设施完善，并符合《食品卫生法》要求。

（2）配备专供员工安全、卫生的饮用水设施。

（3）深井水塔、蓄水池每年至少清洗一次。

（4）不断改善员工集体宿舍的居住卫生条件。

（5）厕所有专人保洁，做到厕所无臭味，便池无尿碱。

（6）垃圾箱密闭化，生活垃圾袋装化、垃圾日产日清。

（7）有计划实施污水粪便处理工程，做到达标排放。污水处理专人专管，设备完善，性能良好，并有备用设备。

（8）下水管道疏通有专人负责，做到阴井畅通无阻塞，阴井旁无垃圾堆放，阴井盖齐全。

（9）配备专门洗涤工作服的设备，并由专人洗涤、消毒。

（10）配备有员工集中更衣的房间，并安装紫外线灯具及消毒设施，消毒密集有效。

3. 办公、生活区卫生

（1）室内卫生：工作、学习、生活用房经常保持整洁、堆放有序，无积灰、无蜘蛛网，窗明几净。

（2）室外卫生：洁净、做到灰尘不见飞，室外环境无散放垃圾、无烟头痰迹、无蚊蝇滋生地。

（3）除四害具体做法

a. 专人负责。

b. 牛舍内环境主要用"敌敌畏"（用量见具体说明书），夏秋季节在早晨天色渐亮时、傍晚在天色将暗时，喷洒于牛舍的内墙上。

c. 每幢牛舍放置 12 只盛器（直径 25 厘米），投入"灭蝇灵"（注意保持干燥、防止雨淋）。

d. 每头牛身上喷洒"拜尔列喜镇"，每七天喷洒一次。

e. 投放鼠药、鼠夹、灭蟑螂药物。

f. 清理卫生死角，根除蚊蝇滋生地。

4. 生产区卫生

（1）防疫河（沟）通畅无阻，两岸无杂物，定期除草、排淤。

（2）员工进入生产区，工作衣、鞋、帽保持清洁，穿着规范、整齐。

（3）消毒池保持一天更换一次消毒液，池内无漂浮物。

（4）牛舍四周无污水、积水、杂草、杂物，道路整洁。

（5）各种料车停放在画线区域、排列整齐。

（6）牛舍料道前走廊、中间走道、料道沿口、槽保持整洁，保持饮水槽（碗）内水质良好，无料脚，水流通畅，供水系统无滴漏现象。

（7）奶厅奶桶、奶车用双层奶布遮盖，大奶厅挤奶设备保持清洁，经常擦洗。

（8）牧场无积水、积粪、硬物及尖锐物，饮水池保持清洁无沉积物，排水沟保持畅通无杂物，杂草定期清除。

（9）做好速冷间卫生清洁工作，机房内各种物品堆放整齐，非机房用品不准入内。

（10）生产区道路保持清洁，无隔日杂物。物料堆放整齐、有序，各种标志明显。

（11）牛粪堆放定点、定车辆，清运出场无滴漏，有晾晒棚，夏季最好能够覆盖薄膜预防蚊蝇滋生，同时定期喷洒杀虫剂，防止蚊蝇滋生。

5. 人员卫生

（1）员工每年体检一次。

（2）新员工须在体检合格后上岗，预防外来人员带来疫病。

（3）休假员工回场必须在门卫更衣后，进入生活区洗澡，换衣后方可再上岗。

（4）生鲜畜产品不能进生产区。

（三）牧场防疫工作条例

1. 环境防疫

（1）设施要求。

a. 牧场所有出入口设立消毒池，规格（米）：长×宽×深＝4.5×3×0.15。

b. 生产区与生活区间设立隔离带。

c. 在生产区的通道口设立更衣室。

d. 消毒泵、喷雾设施等必备设备、工具。

（2）门卫防疫制度。

a. 所有出入口消毒池内须保持足量有效的消毒液。

b. 所有获准进场人员必须执行门卫防疫程序：员工要脚踩消毒液湿麻袋；洗手消毒。其他人员除上述要求外，还须穿戴工作衣、鞋、帽及防护手套。

c. 非工作车辆严禁驶入场区。

d 工作车辆进入场区，须在门口用高压水泵全车身喷消毒液（尤其是车胎、轮毂和底盘），并停留10分钟后方可驶入。

e. 牛粪运输车必须在洗净后驶入门口处经反复喷洒消毒后方可驶入。

f. 牧场严禁擅自接待参观人员。

g. 经牧场主管领导同意的参观人员，须严格执行防疫制度，并在牧场指定区域参观访问。

h. 禁止所有人员穿戴牧场的工作衣、帽、鞋出场。

（3）消毒制度。

消毒液：牧场外环境用2%～3%氢氧化钠溶液；$1 \leqslant pH$ 值 < 12。

牛舍内环境用0.2%～0.5%过氧乙酸溶液；$4 < pH$ 值 $\leqslant 5$。

a. 牧场外环境消毒

①每月二次对所有道路、场地用消毒泵进行喷洒消毒。要求：药液使地面湿润。

②牧场每季一次铺撒生石粉，每年春、夏、秋、冬各季大消毒一次，药液在地面的浸润深度须在1.5厘米以上。

③牧场办公室和生活区域每月一次药液消毒。

b. 牛舍消毒

①屋面、墙面及路面每两个月一次用20%生石灰混悬剂喷洒，要求全面、有较高密度（看不见原来的建筑颜色）。

②牛舍内，每周一次0.2%~0.5%过氧乙酸消毒。

走道：在冲刷干净后洒消毒液。

料槽：在喂料前一小时洒消毒液。

水槽：始终保持洁净，每周一次灌冲消毒。

牛床：垫料干燥无霉变，每两周一次出棚大消毒。

牛身：每两周一次用0.1%过氧乙酸喷雾消毒。（夏季以驱蚊蝇为主）

c. 人员

①生产区员工及获准进入生产区的所有人员必须在更衣室穿戴工作衣、帽、鞋方可入内。

②更衣室要求：清洁、无尘埃，紫外线强度每平方米一瓦特光能，衣物消毒时间60分钟以上。

③员工进入生产区后须在规定的岗位区域工作，不串岗，严禁串棚。

④出生产区须在更衣室换下工作衣、帽、鞋。

（4）饲料。

a. 饲料原料采购严格按照质量标准，尤其是避免采购疫区饲料原料。

b. 饲料厂必须在原粮验收合格后，方可加工配合饲料。

c. 防疫期间饲料运输车辆应专车专点，进出场严格消毒。

（5）其他。

a. 严禁屠宰场人员及车辆进入生产区。

b. 严禁移入非经牧场管理部许可的其他牧场（户）的牛只。各牧场间的牛群调拨，必须经过两病检疫合格后方可进行。

c. 严禁采购并运入非牧场管理部（技术部、奶源部）指定的物、料。

2. 牛群常规防疫及免疫接种程序

（1）每年10月份进行炭疽芽孢苗的免疫注射，免疫对象为出生一周以上的牛，次年的3~4月份为补注期，并做好记录。记录须做到一场一册，一牛一卡，并由兽医及技术主管签字。

（2）母犊牛在4~8月龄时，应采血作布氏杆菌病凝集试验。检疫结果为阴性反应的，应即注射布氏杆菌羊5号苗（剂量为25个牛头份或250亿含菌量），注苗后11天采血再做凝集反应，检疫结果应为阳性反应。凡滴度未达到阳性的应补注疫苗，并做好记录（净化场一律不准注射）。

（3）按国家、省、市、县（区）的上级防疫部门规定，接种其他防止牛传染病的疫苗。当牛群在受到某传染病威胁时，应及时采取预防或紧急免疫，接种经农业部或市兽医药政批准的生物制品。

（4）牧场要配合检疫部门安排好每年两次全牛群的结核病检疫、一次布氏杆菌病检疫和上级兽医防疫部门认为必需的检疫。

（5）结核病和布氏杆菌病等各种检疫报告书应妥善保管，并在接到报告书的一周内将可疑和阳性反应情况登记在奶牛病史卡上。

（6）结核病检疫出现的阳性牛只，应在三天内扑杀。出现可疑反应的牛只，应隔离复检。连续两次为可疑的做阳性反应牛处理，应在三天内扑杀。并会同检疫部门进行认真的剖检，对疑似病灶应做细菌学检查。

（7）W病接种疫苗后第20～30天，必须抽取牛群血样进行抗体滴度检测，如检测不达标，立即进行追加接种注射。

a. 对结核病检疫有阳性反应牛的牛舍，应停止调动牛只。每隔1.5个月复检一次，至连续二次未出现阳性反应牛为止，在复检期内应增加消毒频率。

b. 凡结核菌普检检出率较高的牧场，对初生犊牛在6月龄内应进行三次结核病检疫。首次在一月龄，第二次在3～4月龄，第三次在6月龄，三次检疫均为阳性后，纳入全场奶牛结核病普检之列。

（8）凡未注射布氏杆菌羊5号苗的牛只在凝集试验中出现连续两次可疑反应时，应在三天内扑杀处理。凡注射过布氏杆菌苗的牛，在凝集反应出现可疑或阳性反应时，应区别诊断，结论为阳性的应在三天内扑杀。

注意事项：

①疫苗须在冷链状态运入指定点（避免日光，在2℃～6℃状态下保存）。

②注射疫苗使用过的器械、器件必须经30分钟煮沸消毒。

③其他一次性物品集中烧毁。

④疫苗容器（瓶）用后浸泡在酸或碱消毒液中，经有效消毒后废弃。

（四）疫情期牧场防疫工作应急方案

当周边地区发生疫情时，牧场应立即采取如下措施：

1. 杜绝传染源

牧场应采取针对性的全部或局部封锁，严格控制疫区附近的人员和物料进场。对场内员工做到：

（1）员工上下班，只许一次进出，中午不离场。

（2）疫点附近人员或家中养猪、牛的员工劝其离场或居住场内不得回家。

（3）居住在场外的生产区民工，一律安排到场生活区居住，不得离场。

2. 行有效隔离，切断传播途径

做到生活区和生产区，牛舍与牛舍、岗位与岗位、牛舍外与牛舍内之间人、物相对固定。

（1）非生产人员未经许可不得进入生产区。

（2）各牛舍工作人员不得串棚。

（3）杂务工不得串走牛舍。

（4）各牛舍的车辆用具等要固定。

（5）封堵牛舍不必要的通道。

3. 消毒

（1）舍外消毒：主要生产过道以3%氢氧化钠溶液，每天喷洒两次，牧场及舍外其他场地每周一次，或路面以20%生石灰混悬剂喷洒。

（2）牛舍消毒：各牛舍进出口铺设麻袋（浇上3%烧碱溶液），保持湿润，并设置消毒盆（盆内放置3%烧碱溶液以供舍内工作人员进出牛舍时套鞋浸洗消毒）。

（3）牛舍内过道（空中）以0.2%~0.5%过氧乙酸喷洒（雾）消毒，每日两次，牛身用0.1%过氧乙酸每天消毒一次。

4. 紧急免疫接种

按主管部门统一部署，紧急接种与当地疫情相应的疫苗。

5. 加强巡视牛群

不放过一切可疑现象。

6. 当牧场内发生疫情时

除按以上 5 条条例外，必须强制执行下列各项措施。

（1）尽快做出确切诊断，迅速向主管部门领导报告疫情，并立即封锁疫点，切忌疫点人员窜动。

（2）立即封锁全场：由场长亲自挂帅，成立紧急防疫小组，落实应急防疫方案。

（3）在严格消毒措施下，由专业人员安全采集新鲜病料送检。

（4）严格隔离：迅速隔离病牛。

a. 有隔离牛舍的则应在消毒网的笼罩状态下，将病牛移入隔离牛舍。

b. 无隔离牛舍的，则在该牛舍内设置隔离区，即将病牛及其左右各两头（或其他可疑感染病畜）集中隔离，并迅速划区，建立封锁带，严格消毒病牛的受污环境。

（5）假定健康区（舍）：按牧场平面图，迅速设立隔离带，设置明显标记，规定工作人员、车辆的进出路线，阻断与疫点的联系，并按应急方案落实防疫措施，避免与进疫点人员及物料的交叉传染。

（6）迅速组织饲养、清洁、挤奶人员及专业兽医进驻隔离牛舍，全天候在该牛舍内工作，并明确各人的分工。

（7）在隔离牛舍内配备消毒喷雾器、消毒盆，备足工作人员生活用品。

（8）工作要求：

a. 牛舍内保持清洁卫生。

b. 增加消毒频率：每 3 小时一次室内喷雾消毒。一切过道、牛床每天于早、中、晚消毒。

c. 一切用具不交叉使用，挤奶器每挤一头消毒一次。

d. 料缸及水碗每天喂料前一小时用0.2%~0.5%过氧乙酸消毒一次。

e. 牛粪在粪沟洒过消毒水后方可铲入粪车，倒在指定地点，并迅速用生石灰覆盖。料脚及垫料用塑料纸包裹后，在指定地点烧毁。

f. 牛奶加入消毒液后进入污水处理系统或按主管部门要求妥善处理。

g. 兽医人员应勤观察牛只食欲，密切注意乳房、乳头、牛蹄情况。发现可疑现象立即全面检查，将疑似牛只迅速移至隔离区。

h. 工作人员严格遵守防疫要求，不可人为造成交叉污染。

7. 扑杀和病尸的处理

按上级要求将病牛和可疑牛只进行扑杀。病尸经严格消毒后运至政府指定地点进行安全处理。装车时，应严密包裹，防止滴漏，以防对社会造成不良影响。

紧急防疫期，生产管理小组须进一步强化生产管理，保持正常生产秩序，以提高牛群体质为原则，落实各项责任及技术措施。

第八节　奶牛淘汰管理作业标准

一、目的

规范奶牛淘汰的标准和流程，做到奶牛淘汰工作更加透明合理和监督，确保奶牛资产的合理配置。根据本公司的实际，在现有的技术力量和生产水平条件下，制订本奶牛淘汰管理作业标准。

二、范围

本标准适用于牧业公司及下辖牧场的奶牛淘汰管理。

三、作业内容

（一）奶牛淘汰类型

奶牛淘汰分紧急淘汰（紧急屠宰）、疾病淘汰、主动更新、犊牛选留及后备牛筛选。

（二）奶牛淘汰条件

1. 急淘或急宰

有下列疾病或出现下列症候的为预后不良或预后慎重或国家动物防疫法严格控制的疾病。此类疾病多威胁其他动物安全或奶牛生命。一旦死亡，残值大大降低；即使不会死亡，但可以明确治疗价值低。

（1）国家农业部规定的一类动物疫病病（口蹄疫、牛传染性胸膜肺炎、疯牛病等）。出现此类疾病或疑似病例，按要求上报和处理。人畜共患病如炭疽、狂犬病、伪狂犬病、破伤风等一经发现立即扑杀并做无害化处理。

（2）明确诊断的内脏破裂，创伤性网胃炎及腹腔脏器粘连。

（3）骨折、关节脱臼、颅脑损伤、脊髓损伤、严重大动脉损伤的大失血。

（4）严重的感染败血症、厌气性感染、坏死菌感染、有毒血症的肿硬性乳房炎。

（5）不明原因卧地不起且精神食欲差，经人工辅佐都不能起身，治疗两天效果不佳的。

（6）经治疗无效的产后综合症（脂肪肝和肥胖牛综合症）。

（7）急性消化道出血，肠扭转及套叠，严重脱水，休克。

（8）严重的血液循环系统疾病和呼吸系统疾病。

2. 疾病淘汰

下列疾病虽不会引起死亡，但其威胁其他动物的健康安全或治疗费用大，治病过程长，或丧失经济利用价值。

（1）结核病、布鲁氏病检疫阳性（按国家两病检疫标准执行）

按地方动物防疫部门要求处理。企业内部有条件时，每年组织人力做次结核病检疫，将问题牛列为淘汰对象。

（2）慢性乳房炎牛。半年内乳房炎发病 3 次或一年累计发病 5 次的。

（3）蹄病：蹄骨坏死、蹄底瘘管上行感染到腱鞘并发恶病质、长期蹄叶炎消瘦难起身。

（4）慢性呼吸系统疾病，如慢性肺炎、肺气肿、肺心病。

（5）慢性消化系统疾病，如久治不愈的腹泻、胃溃疡、反复出现瘤胃鼓气等。

（6）心包炎、化脓性心包炎、严重血液病。

3. 主动更新

下列情况奶牛虽有部分价值，但由于饲养成本的大幅上升及受到牛场规模的限制，综合来看不利于整体产奶水平的提高和经济效益的提升，应列为主动更新对象。

（1）年老，10 周岁以上或 8 胎以上。

（2）低产，头胎产量（305 天校正产量）低于 4000 千克，或连续两胎产量低于 5000 千克的。

（3）乳房结构差（悬垂乳房），有效乳区两个及两个以下。

（4）当前奶产量，泌乳中后期连续三次测奶记录低于 15 千克/日，最近测奶低于 10 千克/日。

（5）繁殖障碍，下列情况认为是繁殖障碍。

a. 青年牛先天性生殖器官发育不全，配种 8 次以上或 30 月龄仍未配上种的。

b. 成母牛产后 300 天仍未配上种的。

c. 卵巢静止经治疗无效的。

d. 不可逆转的生殖器官器质性病变（肿瘤、粘连、阻塞、损伤）。

e. 连续两胎流产的。

（6）消瘦，按奶牛体况评分标准，体况 2.5 分以下的。

（7）连续五次体细胞计数超 300 万/毫升，或经一个干奶期治疗后体细胞连续三次仍高于 200 万/毫升的。

（8）内分泌紊乱，产后无奶，身体变形。

（9）性情凶恶，有伤人记录，存在安全隐患的。

4. 犊牛选留及后备牛筛选

（1）新生母犊牛选留条件，犊牛出生重荷斯坦品种 27.5 千克以上（娟杂品种 25 千克）的为选留对象。母亲头胎产量在 7000 千克以上的出生体重选留标准可降低 2 千克。非选留对象新生母犊，限饲养 3 日出售。

（2）6 月龄测体重，日增重低于 600 克的。

（3）18 月龄体重低于 330 千克。

（三）奶牛淘汰标准

（1）符合急淘或急宰其中任何一条的，为避免牛只死亡带来的损失和人力物力的浪费应及早淘汰。传染病按国家法律和地方动物防疫部门要求办理。

（2）符合疾病淘汰其中任何一条的，为避免给其他牛只带来健康威胁和人力财力的浪费，应主动放弃治疗，将病畜淘汰。

（3）符合主动更新条例中两条或两条以上的牛只，列为主动更新对象。但要综合考虑奶产、胎况及发展潜力。

（4）繁殖障碍的具备下列条件的可实行人工诱导泌乳：

a. 体质健壮，体况评分 3.5 分以上。

b. 青年牛或上胎奶产 7000 千克以上的成母牛。

c. 无肢蹄缺陷，有效乳区三个以上，无慢性乳房炎病史的，体细胞计数低于 40 万/毫升。

（5）人工诱导泌乳牛，如日产奶低于 15 千克可列为淘汰对象，能配上种的继续利用。

（6）上述主动更新梳理出来的尚有一定饲养价值的成母牛和筛选出来的后备牛，无明显疾病的可出售。

（四）奶牛淘汰流程

1. 计划性淘汰作业流程

属于主动更新和犊牛选留及后备牛筛选，必须列入奶牛计划性淘汰，计划性淘汰必须事前报批。

计划性淘汰基本流程如下：牧场指定技术员提出奶牛淘汰报告（附磅码单和照片）→牧场技术主管确认→牧场场长审核→牧业管理部受理→牧业管理部组织财务部、审计部现场论证（符合淘汰条件和标准，询价和议价；不符合淘汰标准，退回）→牧业总经理审核→财务部会计审核→财务主管审核→财务经理审核→财务总监审核→总经理审批→淘汰实施→向当地税务管理部门申报资产损失。

2. 紧急性淘汰作业流程

属于急淘（急宰）和疾病淘汰，列入非计划性淘汰。非计划性淘汰必须事后报备。

非计划性淘汰基本流程如下：牧场指定技术员提出奶牛淘汰报告（附磅码单和照片）→牧场技术主管确认→牧场场长审核→牧业管理部受理（询价、议价）→淘汰实施→向当地税务管理部门申报资产损失。

事后，由牧业管理部提交牧业总经理、总公司财务部会计、财务主管、财务经理、财务总监、总经理审核补签。

（五）奶牛淘汰资产处置

（1）确认必须淘汰的奶牛，其售卖资金由购买者交款到财务部，列入牧业公司营业收入。

（2）所有的奶牛淘汰，必须经过总公司财务部经理、财务总监、总经理审批。

四、相关附件及记录

奶牛淘汰报告如表 4-20 所示。

表 4-20　奶牛淘汰报告

牧场名称：　　　　　　　　　　　　申请淘汰日期：　　年　月　日

供应商名称		购入时间		报废头数		资产编号		规定使用年限	
开始折旧日期		已折旧年限		已提折旧额		购价		总值（原值）	
报废（处置）可收回现金				报废净损失（或收益）					
牛舍		耳号		胎次		出生日期			
淘汰类型	A.（　）计划内淘汰；B.（　）紧急淘汰（附照片）；C.（　）其他性质淘汰（附照片）							兽医签名	
淘汰缘由									
具体描述									

续表

结论报告					
资产状况	奶牛原值（元）	净值（元）		预计回收值（元）	淘汰损失额（元）
牧场技术员申报/日期			牧场生产主管确认/日期		
牧场场长验核/日期			牧业管理部经理受理/日期		
牧业总经理审批/日期			总公司财务部会计审核/日期		
总公司财务部主管审核/日期			总公司财务部经理审核/日期		
总公司财务总监审核/日期			总公司总经理审批/日期		

[第五章]

牧场管理制度操作实务

第一节　奶牛饲养管理制度

一、目的

对奶牛饲养过程进行控制，以确保奶牛健康和奶牛正常生产。

二、适用范围

适用于奶牛饲养过程的控制。

三、职责

（1）管理层负责制订饲养员岗位职责、饲养员操作规程以及编制生产计划。

（2）牧场负责精料配方的加工和饲料的调配管理，饲养过程的监视和测量，对饲料的搭配、使用，实施监测执行。

（3）饲养员负责牛群的饲养和牛舍的环境卫生的清洁工作。

四、操作程序

（一）奶牛饲养过程的控制

（1）奶牛各个阶段的划分：

a. 犊牛哺乳期：出生到 2 月龄。

b. 犊牛期：0～6 月龄。

c. 培育牛：7～16 月龄。

d. 育成牛：17～35 月龄。

e. 围产期：产前 3 周～产后 2 周。

f. 高产牛：产奶 30 千克以上或产后 0～100 天。

g. 中产牛：产奶 20～30 千克或产后 101～210 天。

h. 低产牛：产奶 20 千克以下或产后 211 天以上。

i. 干奶牛：无奶或封奶牛。

（2）各牧场必须对饲料原料、饲料成品（混合精料、青贮等）进行监控，把好质量关。

（3）饲料加工必须按照饲料配方进行加工。饲料配送员要按照饲料发放单进行送料。

（4）各牛舍的饲养员必须认真按饲养员操作规程进行操作及监控，当发现失控时，应立即报告班长和主管生产领导，查明原因，采取纠正和预防措施。各阶段的牛饲养按饲养要点进行操作。

（5）各部门执行过程和奶牛饲养的监视和测量中必须对过程进行监视和控制，并保存记录。当发现饲养过程出现异常时，应立即采取措施，及时改正。或当发现奶牛健康出现异常时，立即把该牛调到病牛舍进行治疗护理。

（一）奶牛生产流程图

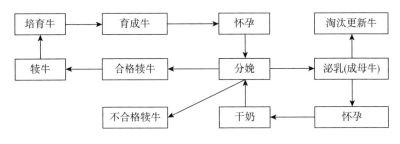

图 5-1　奶牛生产流程图

（三）饲养操作规程

1. 饲养员及饲料配送

（1）饲养员上班先清理食槽草渣，并扫干净地板。

（2）TMR 组员按配方将各种饲料原料按全混合日粮（TMR）饲料技术的方法拌料，并送到牛舍均匀派料，让牛自由采食。

（3）饲养员及时把运动场的牛只赶入槽边吃料，发现异常牛只及时报告兽医或管理人员。

（4）保证饲料质量和卫生。对装饲料的袋、捆绑玉米青（秆）、羊草、苜蓿等饲草的绳子、铁线、胶袋要清点清楚，放好，不要让牛吃到。

（5）保管好生产用品（叉、铲、手推车辆、扫帚等等），拴好牛舍门。

2. 清洁员

（1）铲清牛床及采食区的牛粪，并集中到指定的地方。清洁地板。

（2）放好水槽水（清洗水槽 2～3 次/每周）。及时清除运动场和睡床的硬物异物。

（3）搞好周围环境卫生，保管好生产用品（叉、铲、车辆等），拴好牛舍门。

（4）定期消毒牛房。

3. 犊牛饲养员

（1）坚持定时、定量、定温、定人的原则，细心和耐心养好犊牛。

（2）犊牛应喂食母生和异胭肝。

a. 奶膏牛：挤完奶膏及时从产房取回，用干净的纱布过滤，然后喂给犊牛喝。乳房炎奶、血奶不能给犊牛喝。

b. 笼上犊牛：上班先准备开水、奶粉，待水温 50℃～60℃ 时按 1:8 的比例加入奶粉搅拌均匀。按每头 1.5～2.0 千克的量喂给。喂完后洗干净奶桶，放些凉开水任由犊牛自由饮用，同时在另一桶上放置颗粒料让犊牛自由采吃。

c. 产后 3 天内每天应坚持用 7% 的碘液浸泡脐带 1～2 次。

d. 地上（散栏）犊牛，断奶前禁止喂给青粗饲料，每班投放颗粒料任由自由采食。根据个体采食颗粒料情况给 1～2 千克/头，餐液态奶。

4. 产房饲养员

（1）按全混合日粮（TMR）饲料技术的方法饲养牛。

（2）对调入产房的奶牛必须逐头检查并登记做好。对产前 15 天和产后 15 天的奶牛要特别细心饲养。一般来说，产前 15 天要调到待产栏，产后 3～5 天，精神、食欲正常，胎衣已下，无乳房炎和乳房水肿不明显的牛可直接调入高产牛舍。

（3）分群饲养，因牛施喂。饲养员必须对产后牛每天测体温一次，并做好记录，异常情况必须及时报告给兽医。

（4）饲养员必须把牛粪清干净，每天三次，并定期消毒牛床、运动场。

（5）坚持对产前牛进行牛尿 pH 值监测，并做好登记。

（6）细心观察牛只，对食欲差的牛只应及时报知兽医。

（7）精心护理病牛，对起身困难的牛只，应保证充足的饮水、喂料，并帮助其起身翻身。特殊病例，按主治兽医的要求进行护理。

（四）TMR 操作规程

（1）开工前详细检查饲料混合机、装载机等的机油、柴油、水等是否足够，不够的要及时添加；详细检查各部位连接是否牢固，离合、刹车性能等是否良好，如发现有故障要先排除故障才能投入生产。

（2）装载机司机按上料员的要求将车开到指定的位置。上料员按要求往装载机上装上所需的各种饲料。上料顺序按先后依次为干草、啤酒糟、精料及青贮等（具体顺序可根据管理人员的调整而改变）。每装好一种饲料，装载机司机都要先将其投入饲料混合机的车斗内后才能装另一种饲料。

（3）干草被投入到饲料混合机车斗内后，饲料混合机司机立即开动搅拌开关对其进行高速搅拌，直至加入最后一种饲料——青贮（青料）后让再其连续搅拌 3～4 分钟停止。

（4）饲料混合机司机将混合好的混合料拉到指定的牛舍。饲料机从出发点到到达牛舍的这一段路过程中不能进行搅拌操作，在牛舍的出入口转弯处也不能进行搅拌操作。

（5）饲料混合机司机按要求将饲料进行合理均匀的派饲，牛头数多的地方多料，牛头数少的地方少料，同时，不能将饲料卸到牛床内。

（6）如此反复第 2~6 步的操作，直至派完所有牛舍的料。

（7）收工。司机将各种车辆分别停放到指定的位置并对车辆做例行检查，发现问题及时处理，以确保车辆下一班次能正常投入使用。同时上料员对上料的地方及周边进行卫生清理工作。

（五）奶牛饲养要点

1. 目的

为奶牛配备最经济有效的日粮，实行科学饲养，维护奶牛健康，延长利用年限，充分发挥其遗传潜力，提高产奶性能，生产优质牛奶，降低饲料成本，增加经济效益。

2. 范围

各个阶段的牛群饲养。

3. 操作要点

（1）犊牛饲养

a. 初生犊牛应放在犊牛笼饲养，每头一笼。

b. 第一次初乳在出生后应尽早喂给，必须在 2 小时内喂给，原则上 5 天内喂其母乳。如母牛患病无乳，可用分娩期相近的其他健康母牛初乳。

c. 5 天以后开始转喂代乳粉。哺乳应该掌握定时、定温和定量，乳温 38℃左右。

d. 出生后 3 天，调教其采食颗粒料。

e. 断奶后至 6 月龄，可逐步提高粗料喂量。

f. 加强卫生管理、防止不良应激，防止饲料突变，防止下痢、肺炎和脐部感染。

（2）发育牛和育成牛饲养：以青粗料为主，适当补充精料，培养耐粗性能和增进瘤胃容积、机能、注意粗料质量。已孕牛要注意蛋白质、能量的供给，防止营养不足，过瘦骨盆发育不良易引起难产，但也应防止过肥。充足运动，促进骨骼、肌肉、内脏的发育。

（3）高产牛、中产牛、低产牛、干奶牛的营养需要按《中国奶牛饲养标准》进行配备。操作按饲养操作规程进行运作。营养需要见外来文件《中国奶牛饲养标准》。

（4）围产牛按《围产期牛饲养及保健的若干措施》要求饲养。

（六）标识

1. 范围

奶牛，牛群。

2. 方法

（1）奶牛以牛耳牌号为终身标识。

（2）以牛舍进行分群。

第二节　牛奶生产管理制度

一、质量目标

（1）牧业公司目标：牛奶出厂合格率100%。

（2）牧场质量目标：执行公司目标，对牛奶生产过程进行控制，以确保牛奶生产满足顾客的要求和期望。

二、适用范围

适用于牛奶生产过程的控制，以及牛奶的标识、贮存、放行的控制。

表 5－1　牛奶生产管理制度

环节	质量目标	对策措施	责任人	检查方式	检查人
①挤奶操作	符合规程操作	巡查与培训	挤奶员	巡检现场管理	挤奶班班长
②奶发放与贮存	容器干净、卫生达标	抽检与考核	奶库管理员	抽检	饲养班班长
③牛卫生环境	干净卫生	加强管理与监督	清洁员、赶牛员	现场管理	饲养班班长
④牛调动	准确无误	组织与协调	饲养员	现场管理	饲养班班长

续表

环节	质量目标	对策措施	责任人	检查方式	检查人
⑤备监控及保养	正常运行	检查督促、加强考核	挤奶员	抽检	饲养班班长
⑥备清洗	干净卫生	检查考核	挤奶员	抽检	饲养班班长
⑦残控制	无事故	检查监督	赶牛员	每批检测	饲养班班长

三、牛奶生产工艺流程图

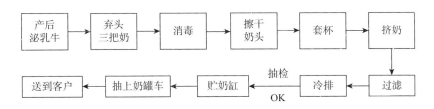

图 5-2　牛奶生产工艺流程图

四、职责

（1）挤奶班负责牛奶生产过程的控制。

（2）质检员负责牛奶生产过程的监视和测量，并对牛奶贮存、放行进行控制。

五、操作程序

（一）牛奶生产过程的控制

（1）管理层制订牛奶生产过程的工作手册（岗位职责、操作规程），明确各个环节的要点及特性。各岗位的操作人员必须认真按牛奶生产工作手册进行操作及监控，当发现失控时，应立即报告各自班长及主管领导，查明原因，采取纠正和预防措施。

（2）挤奶间应对正在使用的挤奶设备执行维护保养规程，发现薄弱环节或运作不正常时，应及时采取措施，并向维修班和部门主管报告。

（3）手工、移动机挤奶员应对正在使用的移动挤奶机执行维护保养制度，发现薄弱环节或运作不正常时，应及时采取措施，并向维修班和部门主管报告。

（4）质检员必须对奶库贮奶设备进行保养，对牛奶贮存进行监视和测量，对牛奶生产执行过程和产品监视测量中发现异常问题时应及时整改。

（5）各个班对牛奶生产、储存、装运、放行的环境卫生必须进行控制，保持干净，符合要求，确保牛奶不受污染。

（二）标识和可追溯性

（1）对象：牛奶。

（2）方法：牛奶采用生产时间和特定贮存位置进行标识，可分成待检奶、合格和不合格奶。

（3）产品的追溯流程图：牛奶出厂日期编号→贮奶缸编号→上机牛舍编号→饲喂/保健记录→饲料或原料登记→供方。

（三）牛奶的贮存与放行

（1）牛奶挤出后立即通过冷排，然后泵入直冷奶缸中，通过奶缸制冷，把奶温迅速降到1℃~4℃贮存。

（2）奶缸入奶前必须经过自来水冲洗后方可装奶，每次排空奶后立即用水龙头冲洗缸体内壁，然后进行 CIP 循环消毒。

（3）经常检查直冷奶缸的制冷系统和搅拌器是否正常运转，经常观察奶温显示，保证鲜奶在 1℃～4℃ 贮存。

（4）运奶槽车每次卸奶回场后立即进行清洗、消毒。

（5）过奶软管、奶泵每次用完后立即用水清洗，然后再经过碱（酸或漂水）清洗消毒，消毒完后软管两端用自来水浸泡。

（6）抽奶时，先用自来水把过奶软管、奶泵清洗干净，然后再用 2% 漂水消毒，再用自来水清洗干净后接上软管方可抽奶。

（7）做完上述连接程序后开放龙头，开动奶泵过奶。

（8）过奶完毕，应立即停泵，关龙头，拆除连接软管，然后立即进行清洗消毒。

（9）奶槽车在运奶途中不准停车休息，就餐等，应一直开到目的地。在途中遇交通阻塞等情况下不得不停车时，司机不得离开，时刻注意槽车上盖是否启开。

（10）行车途中如遇意外，应电告公司派人前往处理，并同时电告接收单位，以便有所准备。

（11）未经质检班检验的牛奶，不得放行或交付，特殊情况报主管经理批准后放行。

（四）建立牛奶的回收制度

对已经放行的牛奶，若发现其有必要回收，则按《产品的回收控制管理规定》把牛奶全部回收处理。

第三节　奶牛保健管理制度

一、目的

保健工作应贯彻以"预防为主，防治结合"的方针。防止疾病的传入或发生，控制传染病和寄生虫（病）的传播，并且为奶牛营造一个干燥、通风与舒适的环境。奶牛保健制度包括防疫卫生工作、奶牛免疫程序、兽医临床工作。

二、质量目标分解

表5－2　质量目标分解

环节	质量目标	对策措施	责任人	检查方式	检查人
①炎治疗	治愈率达70%以上	多次挤奶，准确用药	卫生员	统计分析	兽医
②产房	总发病率40%以下	卫生保健，接产规程	兽医	统计分析，现场检查	技术主管
③病房	提高治愈率	加强护理	兽医	统计分析	技术主管
④培育牛	达标率在95%以上	加强饲养及管理	兽医	定期检测及统计	生产主管
⑤抗残送检	送检率100%	定期准确采样	卫生员	药检	生产主管

续表

环节	质量目标	对策措施	责任人	检查方式	检查人
⑥牛群调动	100%药检阴性才调离	采样送检，解标记绳	卫生员	不定期检查	技术主管
⑦用药记录	100%做好病历记录	做好考核	兽医卫生员	不定期检查	技术主管
⑧奶牛防注	防注牛只不遗漏	加强跟踪管理	全员参与	定期	技术主管
⑨环境消毒	不存死角	加强考核	全员	定期	生产主管
⑩工作环境	卫生合格，安全性好	加强管理，群检群查	全员	不定期检查	生产主管

三、防疫卫生工作

（1）严格执行国家和地方政府制订的动物防疫法及有关畜禽防疫卫生条例。

（2）牧场或生产区出入口，应设立消毒池，池内保持有效消毒液，保证进出人员及车辆做好消毒工作。

（3）外来人员未经经理或兽医部门同意不得随意进入生产区。疾病流行期，非生产人员不得进入生产区。

（4）牧场新员工必须经健康检查，证实无结核病与其他传染性疾病。

（5）牧场员工每两年必须进行一次健康检查，如传染性疾病应及时在场外治疗。

（6）牛舍、运动场每天要进行清洁，牛舍、运动场及周边环境每月要进行 2~3 次大清洁、大消毒，并确保运动场、排水沟干净，无积水。每年春、夏、秋季要进行大范围灭蚊蝇及吸血昆虫的活动，平时要经常性地采取各种措施灭虫，以降低虫害密度。遇有传染病威胁及终止流行时须进行紧急消毒，并做好记录。

（7）死亡牛只应交由病畜化制站剖检，当地无病畜化制站应做无害化处理。尸体接触之处和运送尸体后的车辆要做清洁及消毒工作。传染病的扑杀，应按当地兽医法令处理。

（8）当奶牛发生疑传染病时，应及时采取隔离措施，同时向上级业务主管部门报告并尽快加以确诊。

（9）当场内或场附近出现烈性传染病或疑烈性传染病病例时，应立即采取隔离封锁和其他应急措施，并向上级业务主管部门报告。

（10）场内发生传染病后，除在疾病报表中如实填报外，当该次传染病终结后，应提出专题总结报告留档并报上级主管部门。

（11）外来奶牛应坚持有法定单位的健康检验证明，并经隔离观察和检验，确认无传染病时，方可并群饲养。

（12）严禁调出或出售传染病患牛和隔离封锁解除之前的健康牛。

（13）场内不准饲养其他畜禽，禁止将市场购买的活畜禽及其产品带入生产区。

四、奶牛免疫程序

（1）奶牛免疫计划由兽医主管领导依牛的传染病学、流行特点，结合本场的实际情况制订出奶牛的免疫程序，下达到各个相关部门执行。

（2）兽医在注苗前要详细检查疫苗的质量情况，注意有无开封、破损、变质和超过有效期。疫苗必须在有效期内、有质量保证的情况下才能使用。

（3）注射疫苗前，先做一小部分牛的安全试验，确认安全后才全面按规定要求注射，防注密度要达100%。

（4）对注射过的疫苗，保存样品，以便追溯疫苗的途径。

（5）必要时，抽取部分牛的血清到兽医防疫站或相关部门，测定其抗体水平，验证免疫效果。

（6）常规免疫程序见表 5－3 所示。

表 5－3　常规免疫程序

免疫时间	免疫项目	免疫对象	免、检疫方法	剂量	备注
1 月份	炭疽	6 月龄以上牛	注射方法	1 毫升	
2 月份	口蹄疫 O 型、亚 I 型	3 月龄以上牛	肌注	2 毫升	初免牛隔 28 天加免一次
3 月份	口蹄疫 A 型	3 月龄以上牛	肌注	2 毫升	初免牛隔 28 天加免一次
4 月份	牛流行热	6 月龄以上牛	肌注	2 毫升	初免牛隔 28 天加免一次
10 月上旬	口蹄疫 O 型、亚 I 型	3 月龄以上牛	肌注	2 毫升	初免牛隔 28 天加免一次
10 月下旬	口蹄疫 A 型	3 月龄以上牛	肌注	2 毫升	初免牛隔 28 天加免一次
4 月份	结核自检	12 月龄以上	皮内变态反应	2000 单位	阳性牛一律扑杀
10－11 月份	两病检疫	3 月龄以上检结核	皮内变态反应	2000 单位	阳性牛一律扑杀
		6 月龄以上检布病	虎红平板凝聚		阳性牛一律扑杀
12 月份	牛出败	6 月龄以上牛	肌注	6 毫升	

备注：①防疫计划可根据疫情或生产实际情况作适当调整。

②口蹄疫的免疫要根据奶牛血清中口蹄疫抗体水平的监测结果，必要时进行第三次免疫。

③有条件要对牛群接种 IBR 疫苗和 BVDV 疫苗。

（7）按国家、当地政府及上级卫生防疫部门规定，接种其他防止奶牛传染病的疫苗。当牛群在受到某种传染病威胁时，应及时采取预防或紧急免疫，接种经农业部或兽医药政批准的生物制品。

五、兽医临床工作

（1）奶牛疾病防治主要放在兽医班。兽医应有明确的分工及职责范围，但要相互协作，遇到重大事件要及时记录与汇报。

（2）建立巡查制度。兽医应每天巡视牛舍，加强与生产管理员及员工的联系，仔细观察牛只动态，及时诊治病牛。

（3）每天的治疗情况要有记录，并要做好交接班工作。

（4）次月5日前，应做好奶牛疾病统计月报表并上报公司。元月15日前，应做好上年度奶牛疾病统计报表。

（5）必须按照乳房炎综合防治对奶牛乳房炎进行防治。

（6）每年对全场牛群进行1～2次功能性修蹄。兽医应及时诊治病蹄，并填写治疗无效病牛的淘汰报告和死亡牛只的申请剖检报告，结合临床诊断及剖检资料分析、总结原因，提高诊治水平。

（7）严格按照接产规程，确保母牛和犊牛健康。

六、职责分配

（1）管理层负责编制奶牛保健计划和奶牛保健操作程序。

（2）饲养班负责饲料质量的监控、搭配、使用。

（3）饲养班负责牛舍环境卫生、奶牛健康状况的监测，同时必须做好奶牛的疾病治疗护理工作。

（4）繁殖班必须做好防流保胎工作。

（5）防疫班负责奶牛疫病的检疫和疫苗防注工作。防疫小组由技术主管、防疫班长、饲养班长、繁殖组长组成。

（6）药房做好药物、器械的储备、供应。

七、操作程序

（1）奶牛保健工作主要有：防疫卫生工作、免疫与检疫工作和兽医临床工作。各部门可以从奶牛保健制度获知相应的要求。

（2）管理层制订各岗位的岗位职责及操作规程，明确各个环节的要点及特性。各岗位的操作人员必须认真按奶牛保健制度进行操作及监控，当发现失控时，应立即报告班长和生产主管，查明原因，采取纠正和预防措施。

（3）各部门必须对各个阶段的奶牛进行保健，当发现奶牛健康出现异常时，立即报告班长或兽医进行诊断并把该牛调到病牛舍进行治疗。

（4）保健过程的确认依据。

a. 防疫卫生：执行国家和地方政府制订的动物防疫法及有关畜禽防疫卫生条例和本公司制订的防疫卫生条例。

b. 免疫与检疫：根据上级检疫部门的安排和本公司制订的奶牛免疫程序进行。

c. 兽医临床：兽医、卫生员的工作制度和奶牛健康状况出现异常。

八、标识

（1）范围：挤奶牛。

（2）方法：用抗生素的牛必须在牛颈部绑上乳房炎标记绳作为记号。

（3）处置：奶牛的更新和淘汰按《奶牛淘汰管理作业标准》执行。

第四节 消毒防疫各项制度

一、牧场消毒防疫管理制度

（一）目的

为了全面搞好奶场的各项防疫工作，防止各种疾病的交叉感染，确保本场奶牛生产的健康发展。

（二）适用范围

适用于牧场的全体员工及所有进入牧场的外来人员。

（三）管理制度

（1）广大员工必须正确对待各种防疫工作，严格遵守场里消毒规章制度，树立"把好防疫，从我做起"的强烈意识。

（2）成立防疫领导机构，设立专职消毒工作岗位，每周进行全场消毒，并把各种工作开展情况做好记录。

（3）门卫值班人员要把好防疫第一关，对进出场的人员、车辆要严格按照门卫消毒防疫制度执行，未经场领导批准，不得放入与生产无关的人员、车辆。违反者，门卫人员要负第一责任。

（4）经允许进入场区的相关人员，一律在大门口门卫处进行紫外线消毒 10 分钟，更换专用工作服、工作鞋，才能进入场区。

（5）进入场内工作的人员，必须更换工作服、工作鞋后，方可进行工作，下班或离场不能随便穿工作服或工作鞋出场外。违反者一律严罚。

（6）各牛舍前的消毒药桶要按时更换，牧场工作人员不得随便串栏，牛舍生产用具不能随便交叉使用。

（7）领导小组各成员，要切实抓好消毒防疫的各项程序，保证责任到人，措施到位，预防有效。

（8）定期对牛群进行预防免疫注射，留养小母牛在产后 4 个月要按时进行首次免疫注射，以保证整个牛群的免疫率。

（9）根据《动物防疫检疫法》有关规定，每年春秋两季分别定期对整个牛群进行两病检疫，确保整个牛群健康。

（10）需要引进或外调牛群，一定要严格按照《动物防疫检疫法》的规定进行检疫，确保牛群健康后，方可引进或外调。

（11）防疫领导小组成员，负责整个牧场防疫安全重任，持之以恒做好各个工作环节，保证做到万无一失。

（12）定期有组织开展防疫工作宣传教育活动，严防死守，确保本场奶牛的健康发展。

（13）以上规定，希望全体员工互相遵守执行，违反者，一律严厉处罚。

二、牧场夏季奶牛管理制度

（一）目的

制订奶牛夏季的饲养管理规定，确保奶牛能够安全度过炎热的夏季。

（二）适用范围

适用于南方奶牛夏季的饲养。

（三）夏季饲养管理

1. 饲养原则

（1）坚持"少而精"的原则喂给高能量高蛋白的精料。

（2）多喂优质的青草、青贮玉米等适口性好的饲料，且要现拉现喂。

（3）麦渣、木薯、木薯渣等副料每天喂量控制在 10 千克左右，所拉饲料要在一天内喂完，防止发酸变质，发生中毒。

（4）坚持少喂勤添的原则，将饲料分多次喂投，精料可用水淋湿后喂投，尽可能增加采食量。

（5）保证有充足清洁的饮水，中午食槽要放满水，并加足干草，夜间补料要保证。

2. 管理原则

（1）做好灭蝇灭菌工作，坚持每天喷洒灭蝇灭菌药水。

（2）经常疏通排水沟，保持粪水畅通。

（3）保持牛舍内外干净、干燥，饲料堆放处要定期消毒。精饲料每班加完后要及绑好袋口，减少蚊蝇污染。

（4）加强防暑降温工作，采取安装风扇、沐浴牛身、经常刷洗牛体等措施进行降温，天气炎热减少户外运动时间。

（5）加强乳房炎、蹄病、子宫炎等多发病的防治工作。

三、牧场兽药管理制度

（一）目的

制订兽药管理制度，使兽药的监督管理工作走上规范化。

（二）适用范围

适用于牧业公司牧场药房管理工作。

（三）规定

（1）根据兽药使用情况，做好采购申请计划。

（2）抓好药品采购质量关，严禁采购过期失效、假冒毁劣药品，及时做好登记入库。

（3）出库时要掌握"先进先出"和"近期先出"的原则，并填写好出库单，严禁错领、多领药品。

（4）过期失效药品严禁使用，并要及时销毁处理。

四、牧场卫生管理制度

（一）目的

制订卫生管理规定，使卫生管理工作规范化。

（二）适用范围

适用于牧场场内的卫生管理。

（三）规定

（1）凡进入场区的工作人员必须自觉遵守各项规章制度，穿戴整洁，讲究卫生，严禁吸烟和随地吐痰。

（2）当班门卫要保持门卫室及周边环境的清洁卫生，车辆按指定地点停放整齐。

（3）保持更衣室的清洁卫生，衣物要摆挂整齐，不得乱摆乱挂。

（4）办公室的办公人员要搞好办公区的清洁卫生，办公用品摆放整齐，爱护公物。

（5）各岗位当班工作人员负责搞好各自岗位的卫生责任区卫生工作，并做好清洁工作，爱护生产用具，摆放整齐。

（6）保持宿舍区的清洁卫生，不得乱丢、乱堆放垃圾，衣物要摆放整齐。

（7）洗手间要保持清洁卫生，定期用消毒药进行消毒。

（8）每位员工都要自觉遵守卫生管理规定，自觉维护场区的卫生，做到保持卫生人人有责。

五、牧场安全管理制度

（一）目的

制订安全管理规定，便于安全管理，确保场内人畜财产安全，避免出现安全事故。

（二）适用范围

适用于牧业公司牧场安全管理。

（三）规定

（1）凡进入场区的人员必须遵守场区制订的各项规章制度，严格消毒，接受门卫管理，预防疾病的传播，确保奶牛安全，严禁携带危险品进场。

（2）工作人员进场后必须更换经紫外线消毒的工作服及工作鞋方可上岗。

（3）进入生产区的人员，严禁吸烟，防止火灾发生。

（4）各岗位工作人员上岗后必须严格按照本岗位操作规程安全生产，发现安全隐患及时上报，防止生产安全事故的发生，确保人员和财产安全。

（5）当班门卫要勤巡察，确保公共财产安全，防止发生财物被盗窃现象。

（6）机修人员要严格按照机器维修保养操作规程，对机器进行定期维护保养，消除安全隐患，防止生产安全事故发生。

（7）电工人员要严格按照电工操作规程开展工作，提高警惕，预防触电事故发生。

（8）技术人员必须严格按照技术操作规程进行技术操作，确保人畜安全。

（9）全体员工要注意安全用火用电，不得私自使用电炉等易引起火灾的电器，防止发生火灾，保障人身财产安全。

（10）全体员工要坚持安全第一、预防为主的安全生产管理方针，自觉遵守安全生产法，坚决贯彻落实各项安全措施，消除安全隐患，保障人身财产安全，确保各项生产工作正常有序地开展。

六、牧场鲜奶识别方法

（一）目的

制订鲜奶识别方法，便于鲜奶的检测。

（二）适用范围

适用于牧业公司下辖牧场生产的鲜奶。

（三）鲜奶识别

1. 鲜奶的感官识别

正常的鲜奶眼观为乳白色或稍淡黄色。异常鲜奶的颜色为黄色、淡红色、块状奶，以及有其他杂质。

2. 75％酒精测试识别

正常的鲜奶，酒精检测时无块状、絮状凝结物和沉淀。异常奶则表现为有凝固奶或细小絮状凝块乳。

3. 比重测量识别

正常鲜奶的比重换算成标准奶（20℃/4℃时的比重）后的比重为 1.028～1.032 的范围。比重低于 1.028 的鲜奶表明可能为掺水奶，高于 1.032 的鲜奶为掺有杂质，属于异常奶。

4. 气味识别

正常的鲜奶有一股淡香味。凡是嗅起来有腐臭味、腥味、酸败味、霉味、氨气味，以及其他杂质味属于异常奶。

5. 乳脂率识别

正常鲜奶的乳脂率为 3.1％～4.2％（黑白花奶牛）。过低或过高都属于异常。

第五节　设备维修与保养制度

一、牧场挤奶机组日常维修及保养制度

（一）目的

使挤奶机组的维修和保养规范化，以便延长挤奶机的使用寿命，降低挤奶机零件的耗损度，充分发挥机组的功能，保证正常运转。

（二）适用范围

适用于挤奶机组的日常维修和保养。

（三）日常维修与保养制度

（1）每个月检查一次所有连接线路的接头是否固定好。

（2）每年检查一次所有机组安装架的牢固性。

（3）每年用柴油清洗一次真空泵机组的消声器。

a. 每年拆洗一次真空泵机组的真空主管道。

b. 每年检测一次真空泵机组。

c. 每两个月清洗一次真空油壶。

d. 每年更换一次橡胶密封件。

e. 每年校正一次真空表的真空压力。

f. 每月清洗一次真空传感器，并每年更换一次橡胶件。

g. 每月清洗一次真空积压器，并每年更换一次橡胶件。

h. 每半年检查或更换一次奶泵的密封件。

i. 每班清洗一次奶水分离器，并每年更换一次橡胶件。

j. 每年清洗一次仿生系统的仿生器。

k. 每年清洗一次脉动器，每年更换一次橡胶片。

l. 每年测试一次仿生系统的双真实度。

（4）每周人工拆洗奶杯内套的内表面，奶杯内套每工作到 2500
头次时要进行更换。

（5）每周人工拆洗集乳器的内表面，不定期更换受损的短脉
动管。

（6）每班次用水清洗集乳器的表面。

（7）每班次用毛巾擦拭控制面板。

二、奶间设备设施维修及保养制度

（一）小型电热巴氏灭菌机维修保养制度

（1）每次生产前应更换一条新的过滤纸，每次生产程序结束后，
应马上进行清洗。

（2）每个星期进行一次酸清洗程序，并按水质硬度进行调整。
酸清洗程序必须在碱清洗及水清洗程序完成后才可以进行。

（3）每 3 个月人工拆洗板式热交换器一次，可按实际情况延迟，
但不能超过 6 个月。

（4）每年人工拆洗奶泵一次，并注意检查泵轴密封情况。

（5）注意消毒车间温度保持在32℃以下，以避免过热而造成故障。

（6）热水罐注入的水必须是不含杂质的纯水或蒸馏水，加入量不能低于1/2视镜。

（二）贮奶罐的使用维修保养管理制度

1. 开机前的注意事项

（1）启动压缩机前，如用水冷凝器，必须先开启冷却水路的阀门。

（2）应仔细检查系统各阀门的启闭状态，使符合工作要求。

（3）检查油加热器工作是否正常，特别在冬天，油温正常才能开机。

（4）检查各部件线路是否完好。

（5）检查高低压力表的平衡，压力与环境温度是否对应。如果过低，应检查系统是否缺冷源。

2. 开机后正常工作的标记及注意事项

（1）冷凝机启动后，汽缸应无杂声，运行时可用螺丝刀进行听诊，分辨是否正常并排除反常声源。

（2）压缩机外壳不应有结霜现象，在热负荷较小的条件下，吸气管凝霜一般可到吸气口属正常。

3. 使用工作范围及限制条件

（1）不得使用压缩机作为制冷系统抽真空之用。

（2）压缩机在使用过程中不得发生液击现象，遇此情况应立即停机作检查。

（3）接线与壳体、机架的绝缘电阻应大于5MΩ。

（4）贮奶罐内贮奶高度应高于搅拌浆，否则不能启动冷凝压缩机。

（5）开机后压缩机至少连续运行5分钟，停机后间隔时间最短不小于2分钟，每小时开启次数不超过6次。

（6）制冷剂必须纯洁干燥（含水量小于10ppm），机组安装倾斜度在工作时不得大于5°。

（7）高低压控制器压力断电值，高压断电值1.85Mpa，低压断电值0.2 Mpa。

（8）贮奶罐放空后应立即清洗。

（9）贮奶罐停用后，应保持罐内干净清洗，严禁在罐内长期存放液体。

（10）罐体和其他零件均用不锈钢制成，严禁用钢丝刷清洗。

4. 保养制度

（1）贮奶罐设备应有专人管理，经常注意制冷系统的运转情况，做好运转记录，发现异常应及时停机检查。

（2）制冷系统应每月用卤素灯检漏，如发现渗漏，要进一步全面检查系统是否缺冷源。检查可根据这几个方面确定：①压缩机发烫；②制冷量下降；③回汽管路不结霜和不冒汗。

（3）每年应清洗干燥过滤器，将干燥剂清洗、烘干或调换。

（4）检查高低压力控制器，压力器指示位置是否有变动，控制器内部元件是否有锈蚀或损坏等。

（5）检查湿度控制器指示位置有否变动，检查贮奶罐内壁有否污垢锈蚀或破损现象，检查搅拌器是否缺油，油封是否完好等。

（6）如长期停用，应将系统的氟利昂抽回到贮液筒内，并关闭贮液筒进至阀门。

（7）冬季冷凝机组停用时，应将水冷凝器盘管中的积水放尽，以免盘管冻裂。

（8）经常注意观察压缩机各密封垫、接头、法兰盘、喇叭口及螺检等部位是否漏油。

（三）厅式挤奶机安全注意事项

（1）电路要由持证电工来设计安装，特别要有良好的接地保护措施。

（2）真空泵工作时的排气管及其排出的气体很热，小心烫伤皮肤。

（3）真空泵要远离易燃物，避免火灾并要装上保护罩。

（4）不要用水冲洗泵体和电机，不要用高压水冲洗脉动器等电子元件。

（5）对真空泵及其他挤奶设备，在维修前必须断开电源并注意操作安全。

（6）在挤奶过程中，要执行《挤奶操作规程》小心呵护牛只，不得让未经许可人员进入操作间。

三、牧场直冷式贮奶罐维修及保养制度

（一）目的

制订直冷式贮奶罐维修、保养制度，确保直冷式贮奶罐能够按时维护、保养，从而保证直冷式贮奶罐的正常运转。

（二）适用范围

适用于直冷式贮奶罐的维修、保养。

（三）维修保养制度

（1）每月检查一次配电柜及电源各线路接头是否接牢。

（2）对温度显示仪上显示的温度及双金属温度计上显示的温度，每年请有关监测部门来监测校正一次，并做好记录。

（3）每月检查一次奶罐上搅拌机的减速器。

a. 不定期检查制冷剂压力表是否正常，如低于 3.5mpa，则要加制冷剂。

b. 每个月检查一次各种铜管有无泄漏现象。

四、牧场铡草机日常维修及保养制度

（一）目的

使机器的维修保养规范化，延长机械的使用寿命，保证正常生产。

（二）适用范围

适用于铡草机的维修及保养。

（三）维修保养制度

（1）每班次要及时清理各部件的残渣，以防腐蚀。

（2）每天检查一次自耦减压控制柜内的变压器油是否如外壳水平油向标线持平，如不是应及时添加。

（3）每天检查一次启动皮带的松紧状态，要及时调整到最佳状态。

（4）每周检查一次内刀片的牢固度，发现有松动痕迹时，要及时拧紧，以免发生事故。

（5）每周检查一次输送带的松紧度，及时调整到最佳状态。

（6）对各齿轮、轴承、转动部位要每周加一次润滑油。

（7）对内齿轮处要每月加一次黄油。

（9）每年进行一次检修。

五、牧场手扶拖拉机维修保养制度

（一）目的

使手扶拖拉机维修及保养规范化，延长车辆的寿命，提高车辆的使用年限。

（二）适用范围

适用于手扶拖拉机的日常维修及保养。

（三）日常维修保养

（1）每天次清洗一次空气滤清器。

（2）每天检查一次皮带的松紧度，让皮带处在最佳状态。

（3）每周检查一次刹车、离合操纵杆的灵敏度。

（4）每两个月更换一次机油。

（5）每半年检查一次升降液压油，如不够要添加。

（6）定期向轴承部位加润滑油。

（7）每年要大检查一次。

六、牧场发电机日常维修及保养制度

（一）目的

制订发电机的日常维修保养制度，使其维修保养规范化，从而确保发电机的正常运转。

（二）适用范围

适用于发电机的日常维修保养。

（三）日常维修保养制度

（1）使用时，每周启动一次，运转两个小时，观察发动机是否正常。

（2）每10天用充电器给电瓶充一次电，每次充电不少于8小时。

（3）每月检查一次各种线路，看其是否正常连接，有无鼠咬，避免出现漏电、断线现象。

（4）每月检查机油、水泵黄油是否正常，如有不足，要及时添加。

（5）每月检查一次水泵内是否有冷却水，要及时添加水源。

（6）每年进行一次全机身检查，确保机身各种部件的正常运行。

七、搅拌车的技术保养制度

（1）每班工作完成后，清除搅拌车上的杂物和污泥，保持机器清洁。

（2）每班工作前对搅拌车的轮刹螺母松紧度及轮胎气压的检查，看是否达到技术要求。

（3）定期检查搅拌车上的刀片及固定刀片螺栓磨损程度、刀片固定是否有松紧现象，如有必要，重新做拧紧检查。

（4）定期检查传动轴的磨损程度，检查润滑油是否足够，必要时添加。

（5）定期检查变速箱内的液面高度，不足时加注；检查变速箱是否有异常响声，必要时停机处理。

（6）每班对搅拌车液压部件进行观察，看是否有漏油现象，必要时处理。

（7）定期检查搅拌车输送链齿轮及输送链的磨损程度，检查润滑油情况，必要时添加润滑油。

（8）定期对搅拌车各加油点进行加注黄油。

（9）定期对搅拌车所有固定螺栓、螺母进行检查。如有必要，重新做拧紧检查。

[第 六 章]

牧场各班组操作规程

第一节　饲养班各项操作规程

一、饲养管理操作规程

（一）目的

制订饲养管理操作规程，对奶牛的饲养技术进行规范化。

（二）适用范围

适用于牧业公司下辖牧场各阶段奶牛的饲养管理操作。

（三）饲养管理操作规程

1. 犊牛育成牛

（1）饲养规程。

a. 犊牛出生后 1 小时内要及时喂上初乳，初次喂量 2 千克，饲喂初乳温度要求为 37℃ ~ 39℃，初乳期为 3 天。

b. 初乳期后以代乳粉哺喂至 60 天断奶，前期到 40 天每天三次，40 天后开始隔班，按奶粉、水比例为 1∶8 调配，用 50℃ ~ 60℃ 热水调匀到 39℃ 喂哺。

c. 从一周龄开始训练采食精料及其他饲料，逐步建立起瘤胃消化系统。

d. 由哺乳期向断奶期过渡要逐步进行，断乳初期要精心饲养，精料量要逐步增加，但要控制每头每天不能超过 1.5 千克。

e. 保证犊牛、育成牛充分采食，培育体宽、胸深体格，避免过于肥胖。

f. 禁止饲喂发霉变质饲料。

（2）管理规程。

a. 犊牛出生落地后让母牛舔干犊牛或人工清除口腔和呼吸黏液，擦干被毛，并用碘酊消毒留养母犊的脐带，剥下软蹄，拉到犊牛舍关养，及时测量有关体尺、剪耳号，建立档案。出生后三天内要加强护理，预防疾病。

b. 犊牛舍要每天换垫草一次，夏季每周消毒两次，冬季每周消毒一次，保持牛舍干燥、清洁、通风、卫生。

c. 哺乳用的器具每次使用后要清洁干净，定期消毒，夏季隔天一次，冬季每周两次。

d. 保证运动时间，冬季注意防寒保暖，夏季减少户外运动时间，注意防暑降温。

e. 爱护犊牛，多刷拭牛体，培养犊牛的温顺性情。

2. 青年牛

（1）饲养规程。

a. 精料量逐步增加，按每天 2.5 ~ 3.5 千克喂，准备投产的青年牛可适当再增加到 4 千克。

b. 保证供给充足的粗饲料，自由采食，控制酸性多汁饲料的饲喂量，如木菇渣、菠萝皮等。

c. 经常观察牛群膘情，通过增加或减少饲料的投喂量使牛只保持中等水平体况，避免过肥牛只出现。

d. 夜间补喂稻草，自由采食，中午食槽内保证有饮水和干草。

（2）管理规程。

a. 保持牛舍干燥、清洁、整齐、卫生、通风，定期消毒，夏季注意防暑降温。

b. 定期测量牛的体尺，对达标准体重 350 千克的牛注意观察发情，及时配种。

c. 加强有胎青年牛的护理，防止流产或早产。

d. 关牛、放牛注意牛群安全，严禁打骂牛群，防止挤撞滑跌，出现损伤。

e. 投产前 3 个月的后备牛，前期每天一次，后期每天两次，用 40℃ 的温水擦洗按摩乳房 3~5 分钟以保证乳房正常发育泌乳。

f. 爱护牛群，经常刷拭牛体，培养人与牛的感情。

3. 干奶期

（1）饲养规程。

a. 干奶前逐步减少精料、多汁料、催奶饲料的喂量，以青草、干草为主，自由采食。

b. 停奶期间按精料量喂牛，严禁或将其他牛采食不完的饲料给干奶牛吃。

c. 干奶期间多汁、酸性大（如木菇渣、啤酒渣）副料要少喂，不喂生木菇等催奶料，以优质青草、干草为主，保证供应，自由采食，保持中等体形。

（2）管理规程。

a. 准备停奶牛要逐步减少挤奶量，确保按时停奶。

b. 停奶前要注意观察乳房变化，及时检出患区乳汁变化并挤净坏奶。有发红、硬肿症状的要彻底治疗，直至痊愈，防止产后坏乳房瞎乳头。

c. 停奶期尽量避免修蹄、采血、防疫注射。

d. 注意牛只安全，加强有胎牛的护理，防止挤撞、跌倒。

e. 适宜天气情况下保证牛群有充足运动，以利于健康。

4. 围产期

（1）饲养规程。

a. 产前一个星期适当增加精料量，但总量不超过 5 千克，对产前乳房水肿严重的牛不能增加精料和多汁饲料。

b. 产前观察牛的体况，保持中等膘情，不喂生木菇，少喂木茹、麦渣等多汁料，以优质青草、干草为主，自由采食。

c. 产后改喂高产料，头几天每天喂量不能超过 5 千克，体质恢复，食欲正常后逐步增加，20 天后按实际产奶量给料。

d. 产后食欲不佳的牛不可喂给太多的精料，而以优质和适口性好的饲料为主，食欲恢复后可增加喂量。

e. 产后 15 日内少喂多汁料、催奶料，若产后恢复较快采食正常的牛可以在产后 15 天适当增加各种饲料喂量。

f. 中午晚上要补够干草，保证饲料充足，促进消化。

（2）管理规程。

a. 产前 15 天转入产房护理，若因条件限制无法进入产房的，在本牛舍要加强护理，防止挤撞、滑跌。

b. 产房要求干燥、清洁、安静、卫生，每星期消毒 1～2 次，无论产房或生产牛舍临产前牛床都必须铺上垫草。

c. 尽可能让母牛自然分娩，需要助产的必须严格消毒，正确助产，禁止强力助产，以免造成损伤。分娩后要特别注意阴门部位及乳头部位的消毒清洁，避免感染。

d. 母牛产后要防止自食胎衣，一周内禁止用冷水冲淋母牛。

e. 母牛分娩后立即补钙、补糖、灌服益母草，同时喂给加有少量麦麸的温水，乳房水肿严重的牛不能喂给盐水。

f. 母牛产后要及时挤初乳，初乳期结束，体况、食欲表现正常后方可上机挤奶。

g. 每次挤奶前要用50℃～55℃温热1%高锰酸钾水擦洗乳房，按摩乳房，保持乳头清洁。

h. 兽医人员要加强产后牛观察和护理，及时对奶牛各项生理指标进行检测，防止疾病和代谢病的发生。

5. 泌乳期

（1）饲养规程。

a. 根据不同泌乳阶段，不同产奶量喂给高产料或普通料，不能混喂、错喂，且喂量要准确。

b. 严格坚持少喂勤添的原则，高产牛精料分多次投喂，且要保证高产牛的采食时间，不能因为料多，牛只食慢而将未采食完的饲料分摊掉。

c. 增加各种饲料的喂量，但副料要控制在每天15千克内，避免中毒。

d. 保证青草、干草供应，中午、夜间要补喂干草，补喂量视当天饲料供给情况灵活掌握，保证牛吃够的前提下尽量减少浪费。

e. 保持饲料供应的稳定性，饲料变换时要逐步过渡，不能突然变更使牛无法适应。

f. 禁止饲喂发霉腐败饲料。

（2）管理规程。

a. 严格挤奶技术操作规范挤奶，加强乳房护理，预防乳房炎。

b. 定期对各项质量指标检测，依据变化情况指导生产。

c. 牛舍、运动场定期消毒，保持干燥、清洁。

d. 定期对牛蹄喷洒硫酸酮液、生石灰粉，预防蹄病。

e. 经常刷洗牛身，保持牛体卫生，增进健康。

f. 保证采食时间在 8 小时以上。

g. 加强牛的运动，增强抵抗力，注意牛只安全。

二、犊牛育成牛留养标准

（一）犊牛的留养标准

1. 出生时

（1）身体健康、发育良好，体型符合要求，无明显缺陷。

（2）荷斯坦牛体重 27.5 千克以上，娟姗牛体重 25 千克以上。

（3）生产牛群后代符合上述条件全部留养，淘汰牛群（父系、母系不详，奶产低于 4000 千克）后代不留养。

2. 六月龄时

（1）全部进行体测，身体健康、发育良好、体型符合要求则留养。

（2）低于平均标准 20% 的犊牛列入淘汰范围。

（二）育成牛（14~16 月龄）留养标准

牛体健康、发育良好，体型符合要求，无明显缺陷均要留养，个别繁殖障碍则给予淘汰。

（三）犊牛、育成牛验收标准

表 6-1　犊牛、育成牛验收标准

月龄	体重（千克）	体斜长（厘米）	胸围（厘米）	备注
3	85	88	98	娟姗牛留养标准按低于荷斯坦牛留养标准 10% 执行
6	150	110	120	
15	330	140	164	
16	350	143	167	

低于标准的牛只通过筛选后，统一报牧业公司备案，进行优化淘汰。

三、手扶拖拉机操作规程

（一）目的

使手扶拖拉机操作规范化，确保行车的安全。

（二）适用范围

适用于农用手扶拖拉机的使用操作。

（三）操作规程

（1）启动前要先把机油、柴油和水加足。

（2）检查脚踏刹车是否灵敏。

（3）检查轮胎是否牢固，胎内空气是否充足。

（4）检查左右转向把手是否灵活。

（5）将挂挡杆进到零挡位。

（6）将离合拉杆进到合的位置，使离合器分离。

（7）用手摇启动柴油机，启动时用左手压下减压压轴，当手摇转速达到要求后，放开左手减压手柄，使启动成功。

（8）车辆启动时，要求先低速档再到高速挡。

（9）运行过程，需要作短暂停车时，应把挡位放在空挡位置，不能长期接着离合器不放。

（10）使用完毕后，关闭油门熄火，把脚踏刹车进入刹车状态，避免车熄火滑动。

（11）搞好车身上的卫生，保持干净。

四、铡草机操作规程

（一）目的

使铡草机的操作规范化，从而确保机器的正常运转，保证操作人员的人身安全，避免事故发生。

（二）适用范围

适用于铡草机的使用操作。

（三）操作规程

（1）检查鸭嘴出料口是否对准装料车。

（2）检查进料口输送带上是否有异物，要确保送料带上没有任何物品。

（3）让铡草机离合器处在空挡位置。

（4）启动自耦减压控制柜上的操作杆，先推到起动位置，让铡草机正常启动后，再往回拉到正常运转位置，使机器处于工作状态。

（5）向输送带上投料，一次不能投太多，以免负荷太重而卡机或齿轮爆裂。

（6）把输送带的离合器拉回，使输送带进入输送原料状态。

（7）操作时不允许将手伸入入料口，如有卡机，必须将离合器推入反离合状态进行清理。

（8）在打料操作时，严禁人员从出料口底下走过，以免发生事故。

（9）铡料完毕后，应立即把离合器推回空挡状态。

（10）启动自耦式减压控制柜上的红色按钮，让机器停止工作。

（11）工作完后，要及时清理输送带上的杂物及机身上残渣，保持机械清洁。

第二节　挤奶班各项操作规程

一、牧场挤奶技术操作规程

（一）目的

制订挤奶员技术操作规程，使其技术操作规范化。

（二）适用范围

适用于机器挤奶的技术操作。

（三）机器挤奶的操作规程

1. 挤前准备

（1）准备干净的毛巾（每牛两条）。

（2）准备好乳头清洗液，3％的次氯酸钠。

（3）准备好乳头消毒液，并装入杯里。

（4）打开挤奶台入口牛门，关闭出口牛门。

（5）当机房人员通知机器运转正常，各种准备就绪后，即准备挤奶。

2. 挤奶

（1）待挤奶牛进入挤奶台。

（2）站好位后，关闭进口门。

（3）用喷枪喷淋清洗牛只乳头并用毛巾擦干。

（4）用乳头消毒液对乳头进行消毒。

（5）过 30 秒后擦去消毒液，挤掉头一把奶，并集中处理。

（6）准备好挤奶杯组后开始套杯，套杯采用 S 形式杯法。

（7）调整好奶杯组的位置，挤奶正式开始。

（8）对下一头牛进行挤奶操作。

（9）挤完奶后根据不同情况，对奶杯组进行手动或自动脱杯。

（10）脱杯后在 30 秒钟内给牛乳头进行消毒药浸泡消毒。

（11）挤完奶后打开挤奶台出口牛门，让牛走出挤奶台。

（12）准备下一批次的挤奶工作。

3. 清洗工作

（1）将所有用过的毛巾全部用清水洗后，再用含有消毒剂的消毒液浸泡后拧干挂起备用。

（2）将剩余消毒液集中处理掉，将各种桶具洗净摆放整齐。

（3）将地板、牛架挡板、墙壁飞溅的牛粪冲洗干净。

（4）将所有的奶杯清洗表面后装在清洗托上进行机器自动清洗。整个挤奶过程完毕。

二、挤奶机组操作规程

（一）目的

制订挤奶机组操作规程，明确其操作标准，使其操作规范化。

（二）适用范围

适用于挤奶机组的日常操作。

（三） 挤奶机操作规程

（1） 在牛奶过滤器内装入牛奶过滤纸。

（2） 关闭奶水分离器上的喷水阀及自动排水阀。

（3） 关闭浪涌放大器的奶水真空扣夹（帽式）。

（4） 检查真空泵内是否有油。

（5） 将转换器转换到奶缸内。

（6） 以上准备工作完成后开机。

（7） 真空泵运转后，检查真空泵的运行状态。

（8） 检查真空泵是否进油。

（9） 检查真空系统稳压器是否进气，真空度是否正常，真空管循环系统有无漏气。

（10） 将乳头清洗液的输入管放入清洗液中。

（11） 确认无异常情况后，通知挤奶员开始挤奶。

（12） 把奶缸的制冷系统调到自动制冷状态，并打开自动搅拌器。

（13） 把制冷温度显示仪的下限温度调到 3.5℃，上限调到 5.5℃，让直冷式贮奶罐自动制冷。

（14） 挤奶完后对挤奶机设备进行清洗消毒。

（15） 将奶水分离器上的清洗开关及自动排水开关打开。

（16） 打开浪涌放大器上的进水阀。

（17） 将清洗转换器转换到清洗位置。

（18） 自动清洗：按自动清洗按钮，自动循环清洗，直到水清为止。

（19） 清洗完毕之后，将挤奶机关闭，使真空泵停止运行。

（20） 做好挤奶设备清洗记录。

（四）卫生要求

（1）每班次挤完奶之后，挤奶机的气管和奶管表面无污痕、牛粪。

（2）真空泵房内无杂物，各种物品摆放整齐。

（3）贮奶厅内地板无污迹。

（4）奶缸表面无印痕、污迹，无奶迹。

（5）奶厅内墙壁房顶上无蜘蛛网，无蚊子苍蝇。

三、奶库管理员操作规程

（一）目的

制订奶库管理员操作规程，明确其操作标准，使其操作规范化。

（二）适用范围

适用于奶库管理员的日常操作。

（三）奶库管理员操作规程

1. 牛奶的贮存与放行

（1）奶缸入奶前必须经过自来水冲洗后方可装奶，奶缸每次排空奶后立即清洗消毒。

（2）牛奶挤出后，立即通过冷排迅速降温到奶缸，挤奶完后在半小时内温度降到1℃~4℃贮存。

（3）经常检查直冷奶缸的制冷系统和搅拌器是否正常运转，经常观察奶温显示，保证鲜奶在1℃~4℃贮存。

（4）奶槽车每次卸奶回场后立即进行清洗、消毒。

（5）过奶软管、奶泵每次用完后立即进行清洗消毒。清洗消毒完毕，两端用自来水浸泡（自来水每班必须更换）。

（6）抽奶时，先将连接软管套盖拆除，用自来水把过奶软管、奶泵清洗干净，然后再用2%漂水消毒，再用自来水清洗干净后接上软管方可抽奶。

（7）完上述连接程序后开放龙头，开动奶泵过奶。

（8）过奶完毕，应立即停泵，关龙头，拆除连接软管后，立即进行清洗消毒。

2. 挤奶机的清洗消毒程序

表6-2　挤奶机的清洗消毒程序

顺序	程序	洗涤剂及浓度	温度	洗涤时间/用水量	使用方法
①预冲洗	挤奶后立即进行	自来水	35℃~46℃	用250千克左右水量	不做循环
②碱洗	接预冲洗	1%~2%碱溶液	始温≥74℃；末温≥41℃	10分钟，100千克	循环
②碱洗	水冲洗	自来水	35℃~46℃	250千克左右水量	不做循环
③酸洗	接碱洗	0.7%~1.5%酸溶液	35℃~46℃	10分钟，100千克	循环，1次/5次碱
③酸洗	水冲洗	自来水	35℃~46℃	250千克左右水量	不做循环
④后冲洗	每次挤奶前	自来水	35℃~46℃	用250千克左右水量	不做循环

3. 贮奶缸的使用及清洗程序

表6-3　贮奶缸的使用及清洗程序

顺序	程序	洗涤剂及浓度	温度	洗涤时间/用水量	使用方法
①预冲洗	空缸后立即	自来水	常温	100千克左右	不循环
②碱洗	接预冲洗	碱溶液，1%～2%	80℃	100千克，20分钟	循环使用
	冲洗	自来水	常温	100千克左右	不循环使用
③漂水洗	接碱洗	2%漂水	常温	100千克，20分钟	循环使用
	冲洗	自来水	常温	100千克左右	不循环
④酸洗	接碱洗	0.7%～1.5%酸溶液	常温	100千克，20分钟	循环
	冲洗	自来水	常温	100千克左右	不循环使用
⑤后冲洗	装奶前	自来水	常温	100千克左右	不循环

备注：酸洗在碱洗5次以内进行一次，进行酸洗时，不再用漂水洗。

4. 牛奶热处理操作及清洗程序

表6-4　牛奶热处理操作及清洗程序

顺序	程序	洗涤剂及浓度	温度	洗涤时间/用水量	使用方法
①装过滤纸	开机前				
②热水冲洗	生产前	自来水	80℃	用150千克左右，15分钟	循环
③清洗	生产完毕	自来水	常温	100千克左右	不作循环
④碱洗	接清洗	1%～2%碱溶液	80℃	100千克左右，30分钟	循环
	水冲洗	自来水	常温	100千克左右	不作循环

顺序	程序	洗涤剂及浓度	温度	洗涤时间/用水量	使用方法
⑤酸洗	接碱洗	0.7%~1.5%酸溶液	常温	100千克左右，15分钟	循环，1次/周
	水冲洗	自来水	常温	100千克左右	不作循环

5. 奶槽车清洗程序

表6-5 奶槽车清洗程序

顺序	程序	洗涤剂及浓度	温度	洗涤时间/用水量	使用方法
①冲洗	奶槽车回场立即	自来水	常温	200千克左右	不循环使用
②碱洗	接冲洗	1%~2%碱溶液，	80℃	150千克，20分钟	循环使用
	冲洗	自来水	常温	200千克左右	不循环使用
③漂水	接碱洗	2%漂水	常温	150千克，20分钟	循环使用
	冲洗	自来水	常温	200千克左右	不循环使用
④酸洗	接碱洗	0.7%~1.5%酸溶液	常温	150千克，20分钟	循环使用
	冲洗	自来水	常温	200千克左右	不循环使用
备注：酸洗在碱洗5次以内进行一次，进行酸洗时，不再用漂水洗。					

6. 出口生（鲜）牛奶抽样规程

（1）过奶前开启贮奶缸的搅拌器15~30分钟，将牛奶充分混匀。

（2）将输奶管接驳口用适当有效的消毒液浸泡消毒。

（3）取样人员消毒双手后，用75%酒精擦拭奶槽车、输奶管的管口并用火焰对管口进行消毒。

（4）开启奶泵，在牛奶从贮奶缸输送到奶槽车过程中，从输奶管的管口处抽取样品三份（每份300~500毫升）至清洁干燥、已灭菌的容器中，分别送检验检疫机构、化验室和生产企业检验室。

（5）将样品放置于1℃~6℃冰箱或其他冷藏容器内保存，于当天上午九时前送检验检疫机构检验。

（6）送样过程奶温不得超过10℃，并防止日光直射。

四、直冷式贮奶罐操作规程

（一）目的

制订直冷式贮奶罐操作规程，确定直冷式贮奶罐操作规范化。

（二）适用范围

适用于对直冷式贮奶罐的操作。

（三）操作规程

（1）查奶罐内是否排干净水渍。

（2）关好奶罐鲜奶输出口阀门。

（3）打开进奶口罐盖，把挤奶机奶管出口放入奶罐内。

（4）打开配电柜内电源控制开关。

（5）电压显示仪上电压是否正常。

（6）观察奶罐内鲜奶是否达到冷制程度量。（鲜奶需要浸过制冷探头）

（7）将自动开关的箭头指向调到对准自动的状态。

（8）启动1#制冷开关按钮，使其进入工作状态。

（9）起动搅拌器开关按钮，使其进入工作状态。

（10）当鲜奶量达到奶罐半罐后，再起动 2#制冷开关，使其进入工作状态，让奶罐自动制冷到设定的温度范围内。

（11）当班挤奶完毕之后，及时把奶罐鲜奶入口罐盖盖好拧紧。

（四）卫生要求

（1）每班要及时把奶罐表面清洗干净，不留印痕。

（2）奶罐要按程序彻底清洗消毒，清洗顺序为：清水冲洗→排出→碱或酸消毒液清洗（碱 pH11.5 酸 pH3.5）→排出→再用清水洗干净→排出水渍→关好奶阀门→关闭自动制冷控制→摆放好输奶管。

五、冷式贮奶罐操作规程

（一）目的

制订冷式贮奶罐操作规程，确定冷式贮奶罐操作规范化。

（二）适用范围

适用于对冷式贮奶罐的操作。

（三）操作规程

（1）查奶罐内是否排干净水渍。

（2）关好奶罐鲜奶输出口阀门。

（3）打开进奶口罐盖，把挤奶机奶管出口放入奶罐内。

（4）打开配电柜内电源控制开关。

（5）观察电压显示仪上电压是否正常。

（6）观察奶罐内鲜奶是否达到冷制程度量。（鲜奶要浸过制冷探头）

（7）将自动开关的箭头指向调到对准自动的状态。

（8）起动1#制冷开关按钮，使其进入工作状态。

（9）起动搅拌器开关按钮，使其进入工作状态。

（10）当鲜奶量达到奶罐半罐后，再起动2#制冷开关，使其进入工作状态，让奶罐自动制冷到设定的温度范围内。

（11）当班挤奶完毕之后，及时把奶罐鲜奶入口罐盖盖好拧紧。

（四）卫生要求

（1）每班要及时把奶罐表面清洗干净，不留印痕。

（2）每天清洗奶罐一次，清洗流程为：清水预冲洗→酸或碱液冲洗（8分钟）→清水冲洗干净残液。

（3）每天清洗鲜奶输出管一次，按奶罐冲洗要求进行。

第三节　繁殖班各项操作规程

一、配种技术员操作规程

（一）目的

制订配种技术员操作规程，对配种技术员的技术操作进行规范化，以便提高牛场的繁殖率，使奶场奶牛的繁殖得到保障。

（二）适用范围

适用于繁殖配种技术员的技术操作。

（三）技术操作规程

（1）早晨提前半小时上班，观察全场牛群动态、奶牛发情情况，做好记录。

（2）对发情的牛奶进行子宫检查，确定奶牛是否适合配种。如适合配种，要做好安排，在站立发情后 8～12 个小时进行配种。

（3）配种时要先解冻精液，解冻水温为 39℃～40℃，解冻时间为 15～30 秒，解冻后到输入奶牛子宫的时间间隔不超过 30 分钟，以免影响精子活力，降低受胎率。

（4）输精前，输精员必须修剪过指甲，穿戴好围裙、一次性手套，用消毒液把奶牛外阴部位消毒干净，采用直肠把握法，将输精枪口运送到子宫体内，方可射精，坚持快进慢出的原则。

（5）繁殖配种员在中午奶牛下卧时要坚持观察奶牛子宫黏液情况，并做好记录，如发现有炎症的要及时进行子宫投药治疗。

（6）在治疗操作过程中要树立无菌操作观念，坚持做到一牛一桶水一条毛巾一条管的做法，避免交叉感染。

（7）操作完毕之后要把所用的器械按要求清洗干净，并做好消毒存放工作。

（8）及时真实地做好配种及产科疾病治疗记录。

（9）每周要召开一次技术例会，交流总结分析存在的问题及解决办法。

（10）每月要如实上报繁殖月报表。

二、接产及初乳饲喂操作规程

（一）目的

制订接产及初乳饲喂操作规程，明确其操作标准，使其操作规范化。

（二）适用范围

适用于接产及初乳饲喂的日常操作。

（三）接产操作规程

1. 产前准备

（1）清洁产房，保持产房的干燥、通风、安静。

（2）准备好接产用品及药械（产科绳、常用的助产器械、桶、毛巾、长绳、消毒液、剪刀、7%碘酒）。

（3）每1小时到1.5小时，接产人员要对产前牛群仔细巡视一遍，发现有临产征兆的牛只，将其赶入产房。在天气晴朗干燥的情况下，可让母牛在外面自然完成产犊。

（4）所有接触母牛的接产人员手臂、器械及母牛外阴均要严格消毒。

（5）对超出预产期10天未产的牛只，要作直肠检查，必要时做产道检查，以期发现子宫完全扭转牛只。

2. 正常接产

（1）正常情况下，先露泡，双前肢顶破羊膜，接着露出胎儿唇部、头部，此时只需给予关注，不必人工干预，让其自然分娩。如羊膜覆盖嘴部和鼻孔，则要将其撕破。

（2）当胎儿双前肢和唇部露出或双后肢露出，半小时未顺利产出胎儿（头胎牛可适当延迟到1小时），此时接产人员要检查确认胎位胎式正常否，正常情况下适当做人工牵引助产，帮助胎儿娩出。

（四）非正常情况下处理

（1）当母牛出现临产征兆一小时后仍未见露泡，或只露出一前肢或后肢，此时要做必要的检查。

（2）当胎儿出现头颈侧弯或前肢屈曲或后肢屈曲，此时要将胎儿往回推送，腾出空间，利用器械将胎式矫正。

（3）当出现子宫扭转时，立即报告。待组织人员进行翻正。子宫矫正后，由于宫颈和产道未受到胎儿的充分挤压，不要立即进行牵引，要等待 1~1.5 小时，让其自然娩出。如不能娩出胎儿再进行助产。

（4）关于牵引：

a. 所有牵引必须确认是拴住双前肢或双后肢，双胎时还要确认是同一胎儿的。

b. 正生情况下，确认胎儿头部后脑勺已过子宫颈后才能牵引。或先将头部牵入产道，再牵引前肢。

c. 当胎儿过大或外产道狭窄，此时要掌握好牵引的力度。一般来讲，如 5 人用力都不能拉出胎儿，则要进行评价。如预计拉出胎儿后对母体的损伤较大或有可能导致瘫痪和淘汰死亡的后果，则尽早放弃牵拉，改用剖腹产。

d. 所有牵引都要配合母牛的阵缩，有一人保护好阴门。

e. 借用助产器牵引时，要注意循序渐进，掌握好力度。当用到一定力度不能牵出胎儿时，要进行评价，或改用其他方法。

（5）当胎儿娩出后，要对母牛适当观察，看是否有双胎或产后出血或子宫脱出征兆等。如怀孕足月，胎儿不足 35 千克，有必要检查是否双胎。

（6）观察胎衣下落情况，做好记录。

（7）根据情况，对产后母牛由兽医进行补糖补钙，促进体质恢复。

（五）初乳饲喂规程

母犊留养；公犊不留养，把公犊放到指定的位置。

新生母犊的护理：

（1）胎儿产后，立即将其鼻、口内及周围的羊水擦干净并观察呼吸是否异常。如无呼吸或呼吸不正常则须立即抢救。

（2）浸脐带胎排出母体后立即把脐带血液挤回幼犊，脐带大约留10厘米左右，将多余的剪去，并用7%的碘酊浸泡1～2分钟，防止感染。

（3）幼犊过磅称重、上笼。称重、上笼时必须爱惜犊女，不能放在地上拖着走。

（4）初乳质量的测定：将初乳倒入量筒内（20℃～25℃），充分去除上面的泡沫和漂浮物后将初乳测定仪慢慢放入，待测定仪稳定漂浮后观测结果。当测定仪临近液面的颜色为绿色区域时，表示初乳的质量高，可以直接饲喂给犊牛；当颜色为黄色或红色区域时不予采用，改用冰柜储备的初乳。

（5）当用冰柜储备初乳时，将装有初乳的容器放入50℃～60℃热水中浸泡，直至初乳完全溶解且初乳温度为37℃～38℃时饲喂给母犊。

（6）必须在产后1小时内给犊牛喂上2～4千克质量达标的初乳。

（7）做好母牛、犊牛的编号，初乳饲喂及产犊记录工作。

（8）冲洗场地保持清洁、干净。

（9）对难产、死胎、产道拉伤的牛必须及时通知兽医进行处理。

第四节　防疫班各项操作规程

一、兽医技术员操作规程

（一）目的

制订兽医技术员的操作规程，使兽医技术员的操作规范化。

（二）适用范围

适用于兽医技术员的技术操作。

（三）兽医技术操作规程

（1）每天每班注意观察牛群在运动场中的运动和姿势情况，检查肢蹄疾病，及时处理并做好记录。

（2）饲喂时，观察牛群的进食情况、精神状态、呼吸情况、皮毛状况、排泄情况，判断牛的健康状态。

（3）对患牛进行全面诊断，测定体温、呼吸、心跳，检查排泄状况、乳房情况，进行综合分析做出判断，合理治疗。

（4）治疗前，对医疗器械严格消毒。治疗时对肌注部位、静脉注射部位及乳池注药的乳头管进行消毒，做到一牛一个针头，杜绝人为交叉感染。

（5）对已治疗牛进行跟踪、观察和复诊，必要时再进行治疗。

（6）对疑难病牛进行专人专门护理。

（7）负责搞好兽医工作室的内部卫生，保持清洁。

（8）对淘汰牛分析淘汰死亡原因，写出淘汰死亡报告。

二、兽药检验及验收标准

（一）目的

制订兽药检验及验收标准，使奶场奶牛的健康得到保障。

（二）适用范围

适用于兽医的技术操作。

（三）兽药消毒药验收程序

（1）物资的验收包括数量、品种、规格和质量。

（2）要如实把好物资入库前的数量关、质量关和单据关，要求单据数量和质量验收无误后，才能办理物资入库。

（3）待登账手续后，将入库通知单连同发票、运单一起交给财务部门。

（4）物资入库如发现品种、规格、数量、质量及单据不符合规定时，应及时查明原因，并报告主管领导及时处理。

（5）消毒药类，供应商每批次送货时须附带该批次的产品检验报告，验收合格后方办理入库。

（四）兽药消毒药验收准则

表 6 - 6　兽药消毒药验收准则

序号	产品名称	项目名称	质量要求	检验方法
①	兽药	三证	合格证、生产日期、生产厂家	每批必检
		品种/质量	符合产品说明书、产品的特性、产品的特性采购要求	
		规格/数量	准确	
②	疫苗	产地	国家指定的生产厂家	每批必检
		品种/质量	符合产品说明书	
		规格/数量	准确	
		说明书	有	
		产品合格证	有	
		健康证	有	
③	消毒药	产地	大型化工厂、正规批发商	每批必检
		品种/质量	按采购要求、符合产品的特性	
		规格/数量	准确	
		生产日期/有效期	有效期范围内	

第五节　综合班各项操作规程

一、司磅员操作规程

（一）目的

制订司磅员操作规程，对其操作进行规范化。

（二）适用范围

适用于司磅员的司磅操作。

（三）操作规程

（1）检查车辆是否完全进入到磅板上。

（2）检查车上是否有无关的杂物，如有要做好记录，回车皮时一起回皮。

（3）待电子显示仪上数字显示稳定之后方可读数。

（4）根据读数如实填写磅码单，严禁弄虚作假。

（5）磅完后指挥车辆退出地磅。

（6）将磅单保存好。

（7）工作完后，关掉电子显示仪上的电源，锁好各种存单，把门窗关好，方可下班。

二、机修电工操作规程

（一）目的

制订机修电工操作规程，使其操作规范化。

（二）适用范围

适用于机修电工的日常操作。

（三）操作规程

（1）上班巡视整个牛场各个工作岗位，检查场里水、电及各个机器运转情况。

（2）对该维修或维护的机器设备、用水、用电设施，要及时处理，先急后缓，保证整个牛场的生产正常运转。

（3）机修房内的各种器械，非机修人员严禁使用。工作时严禁与工作无关人员靠近或进入机修房。

（4）需检修电线或机器，要先切断电源，并做明显标记，必要时留人员看守，严禁带电维修作业。

（5）机修器械要注意维修、保养，工作中严禁带病运作机械，人员严禁违章操作。

（6）发现问题，解决不了，要及时报告领导，不留隐患。

（7）保持机修房内清洁卫生，各种器械，工具放整齐，室内电线安全可靠。

（8）所解决处理的问题，做好记录，以备领导检查。

（9）按场内的各种机械设备的维修保养制度，督促做好维修和保养工作。

三、装料运输操作规程

（一）目的

制订装料运输操作规程，对其操作进行规范化。

（二）适用范围

适用于装料运输员的装料运输操作。

（三）操作规程

（1）准时上班，检查机器安全情况，水、油是否充足，刹车是否正常。

（2）在规定时间内，及时把所拉的饲料准确运送到各个牛舍。

（3）在场内行车，路窄弯多，车速不能超过时速10公里/小时。

（4）运拉货物严禁人货混运，下坡时严禁熄火滑行。

（5）场里机动车辆，严禁交给无证人员驾驶，严禁酒后开车，如违章发生事故由当事人负责。

（6）定期按《手扶拖拉机日常维修保养制度》进行维修保养车辆，发现问题及时解决，严禁带病行车。

（7）时刻具备安全运行意识，严格按《手扶拖拉机操作规程》操作，严禁违章操作，保证生产安全。

四、仓库保管员操作规程

（一）目的

制订仓库保管员操作规程，对其操作进行规范化。

（二）适用范围

适用于仓库保管员日常保管操作。

（三）操作规范

（1）实物入库必须按发票上注明的实物名称、规格、数量、单价、金额填入库单，由场长、经办人签名，将财务联交经办人附于发票后面。仓库联留给保管员作为记账依据。（在入库单上方的括号内写明入库实物的类别，类别按奶场材料分类表进行类别及子细目填写）

（2）实物出库存单由领用实物的部门填写，注明使用用途、实物名称、规格、数量、单价、金额，由场长、保管员、经办人签名后，实物方可出库。月末，将全月的出库单分类后，交奶场核算员汇总，填写材料耗用表。

（3）登记实物明细账。按实物入库单、出库单注明的实物分类登记实物明细账。明细账还包括登记入库、出库时间，入库、出库的规格数量，单价、金额。月末计算库存实物的数量、单价、金额填写实物入库出库结存报表。该报表上报财务部两份，公司一份，场长、核算员、保管员各一份。

（4）仓库保管员对向农民直接采购入库的粗饲料必须以磅码单为依据办理入库手续。对粗饲料入库时发现的质量问题，及时报告经办人和奶场领导，以便采取相应措施。

（5）对精饲料的入库、出库一定要过称。

五、发电机操作规程

（一）目的

使操作规范化，延长机械使用寿命，保障生产人员的人身安全，保证生产的正常顺畅。

（二）适用范围

适用于发动机的操作规程。

（三）操作规程

（1）将机油、柴油添加充足。

（2）接通电瓶电源开关，按黑色起动按钮，使电机启动。

（3）启动后，转速表是否达到 500 转左右，运转 5～10 分钟，加大油门，调整转速到 1500 转。

（4）将电压调整到 400 伏。

（5）将赫兹表调整到 50 赫兹。

（6）合闸输电，使电流表指针达到 50～60 安之间。

a. 如发现有异响，应停机检查。

b. 停止发电时，要先拉下空气开关，切断输送电源。

（7）降低转速，达 500 转左右运转 5～10 分钟后，用手拉开油器，切断油路供油停止发动机。

（8）切断电瓶电源。

（9）清理发电机房卫生，保持清洁干净。

六、牧场门卫警卫操作规程

（一）目的

制订门卫警卫操作规程，明确其操作依据，使其工作规范化。

（二）适用范围

适用于门卫警卫人员的值班操作。

（三）工作规范

（1）准时上班，并做好交接班工作。

（2）按时更换消毒水，打扫门卫室、更衣室及周围环境卫生。

（3）把好大门，非经领导同意，严禁与生产无关的人员进入。

（4）检查督促进出人员是否按防疫消毒制度进行消毒。

（5）场里工作时间要关好大门，不断巡视牛群牛舍，不得偷懒偷睡，发现问题及时报告。

（6）做好来访登记工作。

第六节　奶源部各项操作规程

一、鲜奶检验员操作规程

（一）目的

制订鲜奶检验员的操作规程，对其技术操作进行规范化。

（二）适用范围

适用于鲜奶检验的技术操作。

（三）检测操作规程

1. 感官检测

眼看、鼻嗅，有必要的进行口尝。正常牛乳应为乳白色或微黄色，呈均匀的胶状液体，无沉淀，无凝块，不得有任何肉眼可见的异物，无红色、绿色或其他异色，没有苦、咸、涩的口味。

2. 酒精测定

用1毫升75%中性酒精（现配现用）和1毫升牛乳混振摇均匀后不出现沉淀的牛奶，表明酒精试验合格，出现沉淀的为阳性奶，不能出场。

3. 比重测定

取 300 毫升牛奶于玻璃量杯内，用手拿比重计20℃ /40℃上部小心将它放入牛奶中，让它在乳中自由浮动，不能与杯壁接触，待静止 1~2 分钟后，读取比重计读数。以牛奶表面层为比重计的接触点，即月形表面的顶点为准。比重刻度在 1.028 ~ 1.032 之间为正常。

在测比重的同时，也应测相应的温度，一般以水银温度计测量或从冷缸温度显示仪上读取。

以上三项指标检验合格之后，通知鲜奶运输员牛奶合格可以出场，并做好相应记录，把测量仪器洗好干燥，在指定位置放好。

二、鲜奶运输员操作规程

（一）目的

制订鲜奶运输操作规程，明确鲜奶运输员的操作准则，使其操作规范化。

（二）适用范围

适用于鲜奶运输员的日常操作。

（三）送奶的操作规程

（1）在装奶前，把冷槽车内奶缸清洗干净。排干水渍，之后关好出奶阀门。

（2）收到鲜奶检验员的合格通知单，即可装车。

（3）先把抽奶管清洗干净，把管口放入冷槽车奶缸中。

（4）打开贮奶缸的出奶阀门，并打开搅拌机，让搅拌机处于工作状态，避免牛奶脂肪上浮。

（5）确定准备工作完成后，打开奶泵开关，把贮奶缸的鲜奶输到冷槽车的奶缸内。

（6）抽奶完毕后，立即把冷槽车奶缸的入口盖好、拧紧，把奶车奶缸表面冲洗干净，不允许留有奶迹或污迹。

（7）按时间送到公司乳品厂，经乳品厂过磅检验合格，按乳品厂要求把奶输送到贮奶缸中。

（8）把过磅单和质量检验单取回客户联，跟车拿回奶场交给统计员，进行登记。

三、鲜奶管理员操作规程

（1）每月对各奶源牧场奶站进行不低于 2 次鲜奶抽样送检，并做好记录。

（2）每月 5 日前统计好各奶源牧场奶户牛群生产情况。

（3）每月 5 日前汇总各奶源牧场奶户鲜奶收购量及等级评定上报领导审核。

（4）做好奶车每天运输鲜奶时间安排，定期检查奶车的清洗消毒情况。

（5）定期检查各奶源牧场奶牛健康检疫，督促牧场每年做好奶牛检疫工作。

（6）按时做好各奶源牧场每班鲜奶等级评定，及时填写鲜奶检验单发放给奶站。

（7）每年组织人员向奶源牧场奶农提供不少于 1 次饲养管理技术或疫病防治培训。

四、鲜奶收奶员操作规程

（1）严格按照《鲜奶检验员操作规程》进行操作。

（2）工作时间要穿工作服，佩戴工作帽。

（3）按时上下班，不得无故提前或推迟收奶时间。

（4）每天做好鲜奶检验、计量和记录工作，严禁违规操作。

（5）每月 5 日前，统计好各奶户上月的鲜奶交售量和等级评定，汇总后向奶户公布月奶款数。

（6）每月 5 日前，统计好各奶户本月奶牛生产动态情况，汇总上报公司。

（7）定期对各奶户鲜奶进行抽样检查，发现问题及时反馈并协助奶户进行整改。

（8）定期清洗、消毒和保养贮奶设备，保证器械的正常运作。

「第三部分」文化建设

学会淡定，学会宽容，学会感谢。对于荣辱得失，学会俯仰自如；对于刁难刻薄，学会泰然处之；对于点滴之恩，学会涌泉相报。生命，如同花草，既有灿烂之日，也有枯败之时。灿烂时，尽情展现魅力；枯败时，化作一地诗情。烈马嘶鸣，弯弓射雕，茫茫大地，如一幅画卷，抒写万里长空。骑上鲲鹏，扶摇直上九万里！

第七章

亮剑高歌——牧场文化篇

第一节　牧场如果没有归属感
　　　还能走多远

近期，各种与牛奶养殖相关的大小会议，各种牧场管理群、饲料供应商群、设备供应商群里讨论最多的就是管理者、员工特别是技术型人才的流失严重问题。改行、跳槽、迷茫、消极情绪如瘟疫在大江南北蔓延，牧场苦不堪言。这究竟是什么原因造成的呢？

那就是管理者、员工没有归属感。什么叫归属感？归属感是指个人自己感觉被别人或被组织认可与接纳时的一种感受。其实，我们每个人都害怕孤独和寂寞，渴望自己归属于某一个或多个群体，如有家庭的温馨，有同事的关心，有上司的认可，有和谐的人脉，有价值的体现等。这样人才可以从中得到温暖、获得帮助、受到关注、得到认同，消除或减少孤独感、寂寞感、失败感，从而获得安全感。

美国著名心理学家马斯洛在 1943 年提出"需要层次理论"。在他看来，"归属和爱的需要"是人的重要心理需要，只有满足了这一需要，人们才有可能"自我实现"。近年来，国内心理学家对归属感问题也进行了大量调查研究，认为缺乏归属感的人会对自己从事的工作缺乏激情，工作状态低下，责任感不强，不愿交流沟通，学习和创新能力弱。

人、财、物、料、法、环是牧场从事经营管理活动的基本要素，而管理者、员工更是牧场生存、发展的第一资源，是推进牧场全面建设和发展的一支生力军。员工的稳定性、积极性、能动性、创新性直接关系牧场的生存、发展。增强管理者、员工的归属感问题，大致有几种方法：建立共同的信念、制订科学的制度、完善合理的激励、倡导开放的作风和打造融洽的文化。

一、建立共同的信念

牧场主（牧场投资个人或投资牧场）、管理者、员工在奶牛养殖事业、利益与命运等各方面是命运共同体，休戚与共。牧场的荣辱兴衰关系到牧场主、管理者、员工的幸福指数，而每一位管理者和员工的最终业绩又直接影响牧场的兴衰。

牧场发展离不开牧场主的英明决策，也离不开管理者和员工辛勤的付出。牧场主只有真正把员工放在心上，真诚地走进管理者和员工的内心世界，成为他们当中的"掌舵人"和"领头羊"，以真诚换真心，开诚布公，管理者和员工才会置牧场的利益高于一切。牧场主、管理者、员工因共同的价值取向才能紧紧拧成一股绳，自上而下形成牢不可破的价值链和事业链，实现牧场主、管理者、员工三赢的局面。因此，共同的信念是增强员工归属感的首要条件。

二、制订科学的制度

对于牧场管理者和员工，必须建立以能力型、业绩型为评价依据的机制。管理者和员工队伍中的优秀人才的选拔、培养方向要多样化，改变职位晋升为职业生涯唯一途径的观念，鼓励人才向能力型方向发展，淡化职务、权力，强化目标、责任，实行问责制。

把管理能力强、业务能力强的人才提升到经营管理岗位，赋予其更大的责任，让其承担更多的规划、决策、组织、指挥、协调、管理职能；打造"精英型、领袖型"的管理者，建立以职务和能力为基础，以职责为中心，以素质模型为标准，以人员测评为手段的人才评价任用机制，让优秀的人才脱颖而出，把碌碌无为的庸才淘汰出局。

通过创新科学分配体制，推进人力资源与人力资本的多元化价值分配体系，满足多样化的人才需求。人力资源管理要实行分层分类管理。人才层次不同、需求不同，对核心人才、通用人才、辅助人才、特殊人才采用宽带薪酬体系和多样化雇用模式；价值分配形式可采用晋升、加薪、培训机会、绩效奖金、福利保障、股权、期权、终身荣誉等多种形式。

三、完善合理的激励

牧场根据发展战略需要，制订一定时期内的总目标。总目标的设置必须经过牧场主、管理层、员工三方充分讨论、协商一致，然后分解到牧场各部门、各班组、各岗位，层层落实。

下一级的目标必须与上一级的目标一致，必须是根据上一级的目标分解而来，形成一个目标体系，并把目标的完成情况作为牧场各部门、各班组或个人绩效考核评估的依据。牧场在导入目标管理体系时，必须与管理者和员工绩效管理密切关联。绩效考核体系是目标管理体系的评价手段，目标管理结果是绩效考核的依据，两者相辅相成。

根据牧场、管理者、员工目标实现牧场、管理者、员工的共同发展。以绩效为导向，强化 KPI 考核体系，将牧场绩效指标合理分解，明确对各层级管理者、员工的绩效目标要求，并将绩效考核结果与管理者、员工的转正、评优、竞聘、晋级等挂钩，使管理者、员工重视绩效，以绩效目标为导向释放工作激情，促进牧场业绩的提升。完善激励体系，铺平管理者、员工的成长道路，扩大管理者、员工激励范围，帮助管理者、员工完成个人价值、业绩目标、能力目标与成长目标等方面目标与能力的共同实现与提升，并通过管理者、员工目标的实现与积聚，最终达成牧场的目标，实现牧场可持续性发展。

四、倡导开放的作风

树立真情管理理念，塑造真情管理行为。完善沟通机制，搭建牧场主、管理者与员工之间的沟通平台，通过管理者沟通会、员工代表会、员工座谈会、管理者信箱、绩效面谈等方式拓宽正式沟通渠道；建立牧场主、管理者、员工内部管理论坛（内部刊物、OA 系统、微信群、QQ 等），不定期举办一些非正式的活动，不断拓宽非正式渠道，增加牧场主、管理者与员工之间交流的机会。

正式沟通渠道与非正式沟通渠道相辅相成，使得牧场主、管理者与员工之间的沟通，既有对工作、绩效的理性分析，又有对生活、工作、学习细致关怀的感性交流，打造极富特色的沟通平台。特别是管理者听取员工意见的机会要常态化，既拉近了管理者与员工之间的距离，又改变了管理者高高在上的形象，增强了管理者的亲和力，保证了管理者与员工沟通渠道的顺畅，激发了员工的思考和创新精神。

牧场一般都远离城市，工作、生活相对单调。此刻，牧场主更要关注员工需求，开展关爱活动，为管理者和员工提供专业知识培训、业余生活关怀、身心健康关怀等方面的服务，组织各种体育、文娱活动，举办心理讲座，以缓解管理者和员工的工作压力，平衡管理者和员工的工作与生活；组织管理者和员工亲属参与，邀请优秀管理者和员工家属到牧场参观、座谈，亲自感受牧场主对管理者和员工的关怀；改善物质环境，优化后勤保障，为管理者和员工解除后顾之忧，使管理者和员工全心投入工作；缩小用工待遇差距，实现同工同酬，住宿、就餐、交通、通讯等福利待遇相同，改善管理者和员工的心理感知，增强管理者和员工对牧场的归属感和被认同感。

五、打造融洽的文化

文化是牧场的黏合剂，可以把牧场主、管理者、员工紧紧地黏合、团结在一起，使大家目标明确、协调一致。文化不只是指物质和精神文化，也要将管理上升到文化层面，融到牧场文化当中，形成管理的高品位、高艺术。文化是一种自觉、自发的参与状态，是一种能动性、创造性的行为格局，是一种归属感和使命感的融合。

文化是牧场的软实力，是增强牧场凝聚力和吸引力，提高管理者、员工归属感的内在条件。把管理者和员工放在心上，引导管理者和员工尽可能地融入牧场文化之中，成为各种文化活动的组织者和参与者，使他们在牧场文化中获得身心等各方面的满足，使他们在这种特殊的文化氛围中自觉遵守道德规范和准则。以这种无形的精神力量，规范他们的一言一行，构建牧场主、管理者、员工之间的"家庭"情感。

在学习上，牧场主要给管理者和员工创造更多培训学习机会，加强培训的广泛性和实效性，力求使管理者和员工掌握多方面知识和技能，创造性地运用所学的知识来调整、完善自身的工作，借此把管理者和员工的能力素质提高到一个新的水平，把工作质量提升到一个更高的层次。

在生活上，牧场主要经常深入基层、深入员工家庭，了解掌握管理者和员工的家庭情况、生活情况。对存在生活困难、生疾患病、孩子升学等问题的家庭，要主动做好排忧解难、济贫帮困工作。只有让管理者和员工有盼头、有干头，牧场才有盼头和干头。

特别要强调的是，要让管理者和员工真心实意为牧场奉献自身，就必须将他们个人的未来发展考量在内，考虑管理者和员工在牧场中的位置和价值，考虑他们个人未来价值的提升和发展。在这样的牧场工作，让管理者和员工感觉有前途和发展。

牧场要基业长青、前途无量，关键在于能够吸引管理者和员工队伍中的关键人才，用好人才、留住人才。对于牧场主来说，就是要与时俱进，不断创新经营管理思路、方法、模式，始终把管理者和员工看作是牧场兴衰的关键因素，最大限度地发挥管理者和员工的主观能动性和创造性，营造共荣辱、同命运的"大家庭"，从而使管理者和员工从内心深处构建起强烈的归属感、成就感和使命感。

造就既有技术能力又有管理水平的管理者，或培养技术水平一流的员工队伍，非一日之功。如果中国奶牛养殖界再没有危机意识和防范意识，将导致优秀的管理者、员工大量溃逃。可以预见，那时中国奶牛养殖就真的到了穷途末路了，这绝不是危言耸听。

第二节 行动力是关心牧场
员工的关键措施

由于牧场远离城市，有的甚至当地打不出水井，也没有自来水，所以员工饮水、洗漱、洗衣、洗澡的水源，要靠运奶车从乳品加工厂拉一车水倒进牧场储水罐，再拉一车牛奶回公司乳品加工厂。上班没有宽带网络，数据交流全靠一张无线网卡。下班没有阅览室，业余生活单调。洗澡没有热水，冬天苦不堪言。房间、食堂没有风扇，如在桑拿浴房。手机网络信号时有时无，打个电话要登山。周边没有超市，生活用品购买不便。在如此的环境下工作，人心不稳，怨声载道，跳槽频繁。

这是我 2014 年 5 月 5 日，正式接管公司牧业板块，在公司一个牧场做调研时看到的状况。后来，我连续奔波另外五个牧场，情形大致都差不多。说句实在话，握着员工长满厚茧的手，当时内心隐隐作痛。我发誓，半年内一定彻底解决这些问题，扭转局面。员工可以流汗，但不能流泪。

上任伊始，我就要求对接牧场的管理部、技术部、奶源部开展"我是员工贴心人"的实践活动，真正地站在员工利益的立场上出发，想员工之所想，急员工之所急，将集团公司发展成果惠及于员工，更好地凝聚员工、发展牧场。在与牧业总部管理者、各牧场场长、班组长、员工召开多次"恳谈会"了解具体情况后，我向集团公司最高层汇报了各个牧场的实际情况，得到集团公司董事会、执行总裁的积极支持。得人心者得天下，怎么做？归纳起来，有五种方式。

一、凝聚职业共识，重塑团队信念

奶牛养殖行业是一项长期的事业，非一日之功，受自然条件、奶牛基因、饲养水平等因素的影响很大。我们的牧场都是建设在远离闹市的地方，周边没有琳琅满目的超市，也不会有歌舞升平的娱乐厅，置身一望无际平原之上抑或重峦叠嶂群山之间，工作日复一日重复，生活年复一年单调。从事奶牛养殖的员工，要有享受孤单和耐住寂寞的心理准备和人生境界，要有把职业当成事业的大格局和大视野。

于是，我带领总部管理者，深入牧场，不断宣传灌输现代社会意识、信念意识、市场意识、质量意识、效益意识、文明意识、道德意识；塑造良好的牧场形象，培育牧场管理者和员工的敬业感和忠诚度。

敬业和忠诚是牧场的精神支柱，是凝聚全体牧场管理者和员工的黏合剂，是塑造牧场良好文化氛围的恒定的、持久的动力源。

"没有刘备，张飞就是个卖肉的"，道出了伯乐的重要性。孙悟空没有唐僧就是只猴子，唐僧没了孙悟空也只是个和尚，说明团队很重要。土豆身价平凡，番茄也如此，但是薯条搭配番茄酱以后价格翻到几倍，诠释了合作的意义。所以，我要求牧业总部管理者每周必须至少去牧场两次检查工作，月度、季度、年度经营管理分析会，都要跟牧场管理者、员工面对面交流沟通。通过管理者沟通会、员工座谈会、管理者微信群、QQ群等方式拓宽沟通渠道，既有对工作、绩效的理性分析，又有对生活、学习细致关怀的感性交流。这种常态化的沟通方式，既拉近了总部管理者与牧场管理者、员工之间的距离，又改变了总部管理者高高在上的形象。

我们的牧场都远离城市，生活比较艰苦，肉类外出采购，蔬菜自己种植。我和牧业总部管理者每次去牧场都要带上鸡鸭鱼肉、啤酒水果等，检查完工作后，组织各种讨论会、聚餐活动，一方面缓解牧场管理者和员工的工作压力，另一方面与牧场管理者、员工煮酒论经，气氛融洽，亲和力、凝聚力、向心力在其中慢慢形成，团队意识、家庭氛围，在不知不觉中潜移默化。

二、提升全员素质，强化教育培训

要想做好员工的"贴心人"，还必须帮助员工提升综合素质。针对牧场场长、生产主管、技术主管、饲养班长、挤奶班长、繁殖班长、防疫班班长，定期举办《管理学》《卓越领导力》《高效执行力》《角色认知》《团队建设》《激情管理》《时间管理》《有效沟通》《目标管理》《绩效管理》等课程培训并实践检验成效。

针对技术人员，采用"走出去请进来"的方式，加强《奶牛常见疾病防控技术（乳房炎/BVDV/布病/结核病/亚临床酮病/蹄病/繁殖障碍/热应激)》《奶牛饲料配合技术（非常规饲料/青贮饲料/饲料配方/高产奶牛精料补充料应用/奶牛瘤胃蛋白质调控)》《奶牛饲养管理技术（犊牛/后备牛/泌乳牛/干乳期/围产期饲养/配种技术/防暑降温)》等有关奶牛饲养的培训。

组织管理者和员工参加国外和国内各种奶牛大会，参加各类养殖专场培训会，聘请奶牛养殖专家、教授到牧场实地考察、指导、讲座，推动了年轻技术人员的成长。

针对基层普通员工，培训奶牛饲养规范、设备操作规程等。同时开展"师傅带徒弟的结对子"活动，师傅订立培养目标，徒弟制订个人成长规划，发挥了技术人才的"传帮带"作用，促进了年轻技术人员的成长。定期开展"学习经验分享"活动，外出受训的员工学习归来，走上讲堂，把外出学习和工作中获得的经验与其他人员交流分享。开展知识竞赛活动，营造"以赛促练、以比促学"的浓厚氛围，激发广大员工学技术、钻业务、练技能的热情，努力为员工搭建展示才华和创新增效的平台，激发广大管理者和员工的积极性和创造性，推进牧场持续有效发展。

三、完善运营机制，全员参与管理

牧业公司推进"工资专项集体合同"工作的开展，切实保障员工合法权益，劳资关系双方平等协商，促进了稳定和谐劳动关系的建立。牧场要充分借用牧业公司的力量，不定期播放励志影片，组织学习国学进行感恩教育和宣传。

牧场经营管理不只是管理者的责任，必须让全体员工参与进来，营造全员参与经营管理的氛围，人人都是牧场的主人，人人都有实现价值的机会。牧业公司组织各牧场场长、主管、班长、技术能手、员工代表参与编制牧业公司和各牧场的组织结构、部门职能、班组职能、岗位职责、招聘配置、培训开发、人事异动、绩效考核与目标管理、薪酬福利、岗位竞聘等各项人力资源管理的作业标准；出台饲料采购、加工、验收、检验、仓储的管理作业标准，以及奶牛淘汰、设施设备操作章程等牧场整体运营的管理制度、标准、规程、记录、数据库。

牧场必须认真执行"保安全、抓质量、强细节、提单产、控成本、增利润"的经营管理方针，宣传标语鼓舞士气、看板管理有理有据、数据化跟踪快速反应，实现人人有事做、事事有人做、人人有标准、处处有标准，贯彻"人人头上有指标、人人头上一把刀"的全新现代化牧场经营管理理念，使员工有"日事日毕、日清日高"的工作热忱和激情。

四、相马赛马并举，致力激发潜能

牧场组织一季一次的"优秀示范岗位"评选活动，塑造你追我赶、争当先进的良好氛围，激发管理者和员工工作的积极性、能动性、学习力、创新力。结合一年一度牧业公司的"优秀养殖牧场"评选，强化牧场的荣誉感、成就感。牧场之间比单产、比利润、比繁殖、比防疫、比成本控制、比节能降耗，岗位之间比敬业、比责任、比专业、比技术、比效率、比进步，使整个牧业公司形成强烈的团队意识、竞争意识、荣誉意识、危机意识、成本意识、效益意识，营造大家庭、大格局、大视野的境界，让人人自觉讲奉献，个个争当急先锋。

牧业公司总部管理者一人挂点两个牧场做辅导员，专门设置管理巡查员，牧业公司总经理亲自挂帅担任经营管理督查员，牧场场长是牧场第一责任人，分工明确、责任到位，实行从牧业公司到牧场的无缝连接，帮助牧场出谋划策、解决问题，做到小问题班组解决、大问题牧场解决、重大问题牧业公司总部解决。

建立管理、技能两条晋升渠道，将有技术水平又有管理能力的员工提拔到管理岗位，让养殖、繁殖、防疫技术精湛的员工，参与牧场内部技术职称评定，保证人人都有奔头、个个有盼头。简单、听话、照做、高效的管理思路，深入人心。

五、深入员工内心，携手建功立业

牧业公司总部管理者要切实转变工作作风，完成从指挥到指导、从裁判到教练、从批评到激励的完全蜕变；转变观念、务实高效、深入基层、贴近职工，推动重点工作，问需于员工，问计于基层，实现在一线掌握牧场管理者、员工的思想动态，在一线为牧场办实事办好事，在一线推动劳动竞赛，在一线开展自主化管理，形成上下协同、互动互促的工作格局。

能帮就帮、敢做善成，牧业公司总部管理者想牧场之所想，解牧场之所难，帮牧场之所需。牧业公司总经理带队，定期对食堂卫生安全、住宿舒适程度进行监督检查，解除职工的后顾之忧。炎热酷暑季节，把防暑降温慰问品及时送到一线；每逢重大节日，与牧场管理者、员工共同聚餐，送去礼包和礼金；对特困职工，送去补助金和慰问品，带去牧业公司对牧场管理者、员工的关怀。

员工购车购房送红包、员工结婚生子去贺喜、员工家属去世要慰问，把牧业公司总部的关爱送到每一个牧场管理者和员工手上，让他们扎根安心工作，真正体会到牧业"大家庭"的关爱、温暖。做员工的"贴心人""娘家人"的理念，一定会薪火相传，把这一管理理念提升到牧业公司的文化建设层面，将人性化、亲情化管理走进员工的内心。

第三节　如何打造牧场文化

牧场有两个轮子，一个是制度，另一个是文化。牧场制度就是明文发布的、要求大家不折不扣必须执行的规定、规范、标准、流程等。牧场文化则是牧场成员共有的哲学、意识形态、价值观、信仰、期望态度和道德规范。如果说制度是圈内的，那么所有圈外的就是牧场文化。

每个成功的牧场都有自己的牧场文化。没有文化的牧场只能是物质的简单堆砌与精神荒漠，使牧场员工的幸福感降低，让向心力、执行力、创造力大打折扣，牧场发展难以持续。小牧场靠人治，大牧场靠文化，无数实践证明，牧场文化决定一个牧场的兴衰存亡。

一、以人为本，是建设牧场文化场之根本

日本的经营之圣稻盛和夫提出了在牧场中施行"敬天"的管理思想。这种思想与儒家文化中的"和""仁""德"极为相似，提出下级要服从领导、领导要关爱下级，牧场战略目标高于一切，员工将牧场利益时刻置于心头的理念。

事实上，通过管理中简单的强压不一定有成效，而通过文化建设中的引导、实践却会事半功倍。员工只有真正从内心认可了牧场，

才可能焕发出强大的创新力、执行力，才能推动牧场在不断变化的市场中持续前行。

文化场的建立首先要确定其主体。其实，人是牧场的主体，又是牧场的客体，牧场必须以人为核心才能开展工作。对人的尊重，对人的关爱，对人的支持，就是对人的本性和本质的认识，"以人为本"即是此意。

建立牧场的文化场，人性化管理是关键。人性化管理就是对人性特质的再培育、激发和利用，充分发挥人性的积极作用，剔除人性的消极作用，教育员工做事之前先学会做人，做一个积极、心理健康的人。把对员工的挖掘、开发、培养、经营要提升到人力资源战略的高度，把员工当成"特别的客户""稀缺的资源"对待。让员工把职业当成事业看待，置身创业有机会、做事有舞台、发展有空间、工作有价值的平台，孜孜不倦追求事业、勤勤恳恳实现价值，让员工工作有成就感、业绩有荣誉感、灵魂有归属感。

牧业公司建立了一整套标准规范的员工招聘、配置、培训、考核、薪酬、福利、晋升、轮岗、异动、竞聘机制，把合适的人放在合适的位置。公司定期对普通员工、基层管理者、中层管理者、高层管理者、技术人员、特殊岗位人员进行系统性、专业性培训，改变员工的工作态度，提升员工的知识和技能。对各部门、各岗位通过目标管理，进行 KPI 关键业绩指标考核，不断改善工作不足，为员工薪酬福利的给付、员工职位晋升、锻炼综合能力的轮岗、人才竞聘的选拔打下良好的基础和评价依据。

二、和谐共生，是建设牧场文化场之核心

和谐的团队是牧场平稳发展的保障，是牧场快速发展的根本，是

牧场战胜市场的核心。牧场要从员工的价值观、人生观、文化素质、技术素质、思想素质、创新素质、道德水准、沟通能力、行为规范、团队精神及行业特有的职业素养等方面进行全面而卓有成效的培训。根据牧场自身特点，营造积极的牧场文化，形成自身核心竞争力。

牧场要帮助员工做好角色定位，教导员工学会自我约束、自我实现、自我超越，把每一名员工当成一份稀缺的资源去经营。关心、爱护、理解、尊重、支持、激励员工，唤醒员工的自我意识，发挥员工的能动作用，让员工真正发自内心地投入工作，站在领导者的角度，自觉完成领导者交办的任务，心甘情愿，无怨无悔。"和谐共生""合作双赢"，让员工在牧场产生归属感，是牧场始终充盈着人文关怀与活力的根源所在。

用事业留人、感情留人、待遇留人、投资留人是人性化管理的一种境界。以人为本，强化以"仁爱"为本，教化管理者和员工的心智；以柔克刚，柔化具体的经营运作；以异避同，激发决策和预测中的直觉与灵感。以人为本，是建设牧场文化场之根本。

牧业公司每月可针对牧场新入职员工召开一次恳谈会，播放公司发展历程宣传片，宣传优秀员工感人事迹。通过面对面交流，了解新进员工对牧场认同度以及工作情况，打消新进员工的陌生感和不适应感，掌握新进员工的工作、生活、家庭状况，帮助员工解决后顾之忧。此举，对于稳定员工和提升员工的工作积极性具有很好的标杆作用。

牧业公司分管领导经常邀请有潜力的员工一起共进午餐，畅谈理想；定期举办员工茶话会，面对面认真倾听员工的意见和建议。彼此愉悦的交流，可以提振士气，打造一个有凝聚力的团队氛围。就是这样一个简单的分享时间，就可以让团队员工明白，员工之间不分资历、职位，一律平等相待。

三、价值趋同，是建设牧场文化场之精髓

牧场要永续发展，要把员工放在心上。提升员工对牧场的认同感，增强员工奋发向上的信心和决心，形成牧场强大的向心力、凝聚力和发展动力。

牧场中的每个成员都有自己的价值观念，但由于他们的资历不同、生活环境不同、受教育的程度不同等原因，使得他们的价值观念千差万别。牧场要通过教育、倡导和模范人物的宣传感召等方式，使牧场员工摒弃传统落后的价值观念，树立正确的、有利于牧场生存发展的价值观念，并达成共识和正能量，成为全体员工思想和行为的准则。

文化场的建立，领导起着关键作用。领导要有能接受不同意见、容纳不同观点的宽阔胸怀，遇到问题，高处着手，妥善处理，展现领导者的高尚风格，赢得尊重。工作中每个人都有自身的缺点和可能犯错误，领导要胸襟宽广，虚怀若谷，严于律己，宽以待人，既要有善意的批评，不纵容，又要取其精华，不过度。相信人，热爱人，帮助人，真诚面对员工，坦率对待错误，才能帮助员工成长、成熟，自己也能得到员工的信任和尊重。胸怀宽广，雍容大度是美德，有容乃大是策略。上下级之间友善交往，和睦相处，才能收揽人心，凝聚人才，才能使员工心悦诚服、肝胆相照。

牧业公司可设立员工意见箱，既鼓励员工为公司的发展积极进言献策，参与牧场管理，又多方听取员工对经营管理的意见和建议。好的建议和意见予以表彰，即使员工发的牢骚不一定符合客观事实，

也要充分尊重员工，向员工解释清楚，让员工真正感受作为公司一员的自豪感和幸福感。

四、感恩回馈，是建设牧场文化场之动力

国学中，儒家流派常见的有"以孝治企"和《弟子规》教育；道家流派主要是宣导"无为"而治，充分发挥员工的主观能动性。一些牧场主甚至在牧场管理中有意识地引入传统国学的思路。牧场文化场建设中，要充分认识到，一个员工选择一份工作除了要得到工资外还要得到很多。如岗位的提升、能力的提升、责任的提升、荣誉感的提升、和谐的工作环境，可以实现的工作目标、公司的鼓励、稳定的发展、兴趣、感情、习惯、特长、生活方便等。

对一个牧场而言，员工对牧场的忠诚将大幅提高牧场的效益，增强凝聚力，提升竞争力，使牧场能在风云变幻的市场中站稳脚跟。牧场价值观念是由多个要素构成的价值体系，既要考虑牧场价值目标的实现，又要照顾员工需求的满足，自上而下形成一条牢不可破的价值链，让员工与牧场同心同向同行。

牧场也要学会感恩员工，要始终围绕帮助员工个人成长进步，实现自我价值，打造品牌，树立形象，以实现利润最大化为导向。牧场与员工"心"相融、"言"相融、"行"相融，心心相印、同心同德，形成"积极进取、团结向上、齐心协力、共同作为"的良好牧场文化环境，使牧场成为真正具有核心竞争力的优秀牧场，在市场经济的大潮中立于不败之地。

牧业公司可采取每年评选一次"优秀员工"，通过上司或同事推荐，推荐人现场演讲，只要在工作上敬业爱岗、任劳任怨、事迹感

人，能打动评委，那就能成为公司当年度的"优秀员工"。"优秀员工"每年都由公司出资出国考察、旅游、学习，在公司内部刊物和光荣榜公告，成为全体员工学习的榜样。同时，每年对连续在公司工作满三年的员工进行感恩回馈表彰，邀请员工家属一起联欢，让员工家属参与进来，切实感受到公司对忠诚员工的重视。

五、合力共赢，是建设牧场文化场之源泉

牧场是一个大职场，也是思想、道德、智慧的大熔炉。要建立牧场文化场，领导是关键。一头狮子带领一群绵羊，久而久之，这群绵羊就会变成"狮子"，反之，一只羊带领一群狮子，久而久之，这群狮子就会变成"绵羊"。

要建设好牧场文化，领导必须高度重视，认真规划、狠抓落实，才能取得实效。牧场主要负责人应当站在促进牧场长远发展的战略高度重视牧场文化建设，切实履行第一责任人的职责，对牧场文化建设进行系统思考，出思想、谋思路、定对策，确定牧场文化建设的目标和内容，提出正确的经营管理理念。通过梳理完善相关管理制度，对员工日常行为和工作行为进行细化，逐步形成牧场文化规范；以理念引导员工的思维，以制度规范员工的行为，使牧场全体员工增强主人翁意识，做到员工与牧场"风雨同舟、合力共赢"，真正实现"人企合一"，充分发挥核心价值观对牧场发展的强大推动作用。

因此，牧场领导要勤勉尽责、信诺守信、励精图治、敬业报国、公正廉洁、以德为业、克勤克俭、艰苦奋斗；同样，员工也必须爱岗敬业、忠诚守信、服务客户、奉献社会、遵纪守法、廉洁自律、

艰苦奋斗、勤俭节约。只有牧场领导和员工都尽心、尽力、尽职、尽责，并不断创新，牧场才能形成能量与合力，健康有序发展。

牧业公司也可通过每周一升国旗、唱国歌，培养爱国思想和情怀，自上而下都要背诵和践行《弟子规》，教育员工懂得做人做事的基本道理。公司销售板块，为此出现主动抢任务的喜人场面。

因此，牧场文化不是虚幻的口号，而是在员工的工作、生活、学习中得到充分体现，是牧场在长期的生产经营实践中逐步形成的。经过全体员工认同信守的理想目标、价值追求、意志品质和行动准则，是牧场经营方针、经营思想、经营作风、牧场性格、形象凝缩、精神风貌的概括反映。

牧场文化一旦形成，就会产生巨大的有形力量，对牧场成员的思想和行为起到潜移默化的作用。通过牧场文化场的建设和传播，塑造优秀的牧场形象，提升牧场的知名度和美誉度，从而最终达到提高牧场核心竞争力的最终目的。

由此可以概括，牧场文化是牧场的灵魂。没有灵魂的牧场必然做不大、走不远。

第四节　牧场逆境中，更需要
给下属多一点掌声

　　每次去牧场，我一般不提前打招呼，而是带着技术部经理、采购员直接去牧场，消毒、穿好防护服后，就直奔牛舍。检查温度和湿度计是否准确，喷淋和风扇是否运作正常，水源是否卫生，食槽是否干净，蚊子苍蝇是否繁多，牛粪清理是否及时。然后，通过看奶牛的采食状态分析饲料源，看奶牛粪便诊断健康度，看奶牛分群了解舒适度……

　　我不是饲养专家，但我会从经营管理的层面要求技术部经理、采购员、场长、主管、技术员一起查看奶牛的采食情况，通过采食的好差，了解问题所在。是粗饲料质量问题，还是精饲料搭配不当，抑或 TMR 搅拌效果不佳？当然，青贮窖、精料库、挤奶厅、水电使用、数据报表等也是不可忽视的检查项目，逐一筛选出问题的症结所在，提出下一阶段的整改措施、责任人、时间节点、改善成效。

　　我的下属，包含牧业总部的各部门管理者和员工、各牧场管理者和员工，我对他们的工作态度、能力、表现、效率、绩效是满意的。

　　广西常年高温高湿，特别是我们几个牧场所在地，每年的 4 月初到 11 月末，室外温度平均到达 36℃ ~ 38℃，湿度高达 85% ~ 95%，防暑降温工作是每年所面临的严峻工作之一。毫不夸张地说，温度湿度高度集中的六、七、八、九月份，是奶牛面临的鬼门关。这段时间，乳房炎、肢蹄病等病症高发，无论对奶牛还是牧场管理者、员工来说，都是一段艰难的岁月，面对严峻考验，如何接受挑战？

我们的牧场管理者和员工，就在挤奶通道、有阳光照射的卧床和饲喂走廊、饮水池、犊牛栏等地方用加密遮阳网遮阴；在待挤厅、挤奶通道、采食通道、运动场周边等地尽量多设置饮水点；采用"风扇＋喷淋"的物理化模式，把牛身彻底打湿，通过吹风迅速降温；尽量提供舒适的卧能缓解奶牛的应激，促进饲料消化率和牛奶转化率。

有个别牧场，是多年前建设的，牛舍屋顶是单层铁皮，牛舍内部温度可想而知，没办法，只有采用牛舍屋顶淋浴法降温。另外就是，通过对泌乳牛、干奶牛、围产期牛、犊牛适当调整 TMR 日粮结构，增加 TMR 饲喂次数来解决防暑降温的艰巨工作。

特别是，每次看到奶牛身体出现异常，体温升高、喘着粗气、嘴吐白沫、两眼无神、四肢无力、采食减少，大家都最大努力去挽救，甚至昼夜守在奶牛的身边。

最困难的还是粗饲料，广西的粗饲料结构单一，青贮玉米秆生长在丘陵地带、地形复杂，难以实施机械化收割；象草营养成分很低、含水量大、不利于制作干草或青贮；稻草难以收集也难以储存，水稻收割时节也是降雨密集时节，稻草晒不干、易发霉；甘蔗叶木质素含量过高、适口性差；甘蔗渣营养价值低，只能作为饲料填充物，无法大量使用；苜蓿草、燕麦草依靠进口，羊草从内蒙古或者黑龙江采购，棉籽从新疆采购，玉米从东北采购，运费高昂。

特别值得一提的是水源。当地属喀斯特地貌，很多地方常年降雨量少，地下河也少，打不出水井，只能从河流、水库、水渠抽水，经过沉淀、过滤、消毒后才能供牛饮用和清洗牛体、设施、设备，可以说，尽量节约水的用量。就在如此艰难的条件下，我们的管理者和员工没有怨言，任劳任怨。

自然条件、青贮资源、硬件设施、水源来源，是阻挡我们牧场发展的短板，这点，不可否认。但，现实就摆在眼前，埋怨、牢骚解决不了问题，只有直面现实，在劣势中强化我们的优势。

我们的优势在哪里呢？我们对人力资源价值的尊重，提升到前所未有的高度，视牧场如家庭，视员工如家人，视奶牛为亲人，构建科学合理的"家规"，营造嘘寒问暖的"温馨"，给予换位思考的"珍爱"；完善和健全人力资源管理、目标管理、绩效管理、团队建设、人文环境、激励机制、检查机制、改善机制等，物资采购管理系统、奶牛舒适度管理、卫生防疫管理、牛只优化管理、设备操作管理数据化管理等，都要建立科学、规范的管理体系（标准、流程、流程、记录），整个运营管理系统环环相扣，衔接到位。

我们的初心不是追求短、平、快的发展，而是坚守奶牛养殖的信念，对奶牛付出更多的爱心、恒心、毅力。多给下属一点掌声，既是赞美也是鞭策。

第五节　如何做一名牧业行业的优秀蓝领

发展牧业是适应现代化农业发展的需要。从现代农业发展的方向来看，牧业是衡量一个国家和地区农业发展水平的重要标志。农业发达的国家，牧业产值一般都占到农业总产值的60%以上。

从农业结构调整和综合效益来看，牧业是一个承工启农的"中轴产业"，既可促进种植业，又能带动加工业和服务业，形成农业内部产业和三次产业间的良性循环，促进农产品的转化增值，是新阶段推动农业和农村经济结构调整的重要环节。

近年来，全国各地把发展规模养殖作为促进牧业增长方式转变和提高产业综合生产能力的重点来抓，取得了显著的成效。牧业已经成为我国农业和农村经济中最有活力的增长点和最主要的支柱产业，牧业产业收入已经成为农民家庭经营收入的重要来源。与种植业相比，牧业为人类提供了更有营养和更受青睐的食品。

我国牧业已进入新的发展阶段，正在由传统牧业向现代牧业转型。党中央已经指明，要按照科学发展观的要求，建设资源节约、环境友好型牧业；建设人与自然和谐，以人为本的健康型牧业；建设循环经济可持续发展型牧业。

牧业的健康、稳健发展离不开技术含量高的人才，因此，提升牧业养殖人员的经营意识和生产水平，打造真正意义上的"蓝领"，刻不容缓。

中央电视台新闻频道 2015 年 5 月 14 日在题为《问计中国制造——蓝领缺乏：中国制造转型之痛》的新闻节目中报道说：正在经历转型升级的中国制造，眼下最缺乏的是熟练的、有技术的工人，说得更直白一点，就是缺蓝领。

著名经济学家、北京大学光华管理学院名誉院长厉以宁说："当前社会垂直流动渠道堵塞，劳动市场形成二元化，中国应大力培育中国蓝领中产阶级，打破职业世袭化。"

蓝领时代已经来临，那么，置身牧业养殖的人员，怎样才能做一个有前途、有资本的优秀蓝领？

一、优秀蓝领应具备的基本素质

（1）道德素质。这是作为优秀蓝领最基础、最必要的素质。优秀的蓝领应具备崇高的信念、高尚的品格、纯洁的操守，具备高效执行力和效率，具备扎实的理论知识和实操能力。

（2）文化素质。这是优秀蓝领通过长期艰辛的学习和反复实践的结晶，是蓝领能顺利执行决策、具备开拓进取精神的根本，有一定的文化涵养和学习力是具备合格蓝领的重要硬件。

（3）个性因素。优秀蓝领还要具备个性化的素质，因为牧场文化、团队精神的形成都与蓝领的个人风格密切相关。优秀蓝领的个性并不是固执，而是区别于他人的办事作风，工作持之以恒、技术精湛、潜心钻研、开拓创新，有强烈的主人翁意识和团队协作精神，有滴水穿石的毅力与坚忍。

二、优秀蓝领应具备的敬业精神

（1）敬业精神强。优秀蓝领一门心思放在牧场经营上，一心扑在工作上，对工作精益求精，以服务的牧场为事业，忠于自己所选择的事业，与牧场同甘共苦，荣辱与共，矢志不渝。当敬业意识根植于我们的脑海，做事就会积极主动、乐此不疲，从工作中积累经验和享受成功带来的喜悦。

（2）职业兴趣深。职业兴趣是产生职业动力的源泉，优秀蓝领要确定自己的职业目标。为实现这个目标，披荆斩棘、心无旁骛、始终如一，付出常人无法想象的精力和煎熬，要有不达目标誓不罢休的勇气和魄力，不会因暂时的困境，动摇坚守的意志和毅力，而是善于总结和不断创新、突破。

（3）职业观明确。职业观是个人的事业观和价值观，把蓝领当成一种职业、事业，把为牧场创造价值当成自身价值，把为牧场奉献才华和智慧当成一种乐趣和习惯，始终把牧场的利益放在首位，与牧场同呼吸共命运，在牧场辉煌时与牧场共享胜利成果，在牧场低迷期不离不弃。

三、优秀蓝领必须克服的四个短板

（1）不思进取，随遇而安。当今社会发展日新月异、一日千里，切忌不去学习、不去充电，不去提升自己的知识、技能，不去打造核心竞争力，刚愎自用、墨守成规、得过且过。"不思进取，随遇而安"的人，如果安于现状，不思进取，早晚会被淘汰出局，没有牧场青睐平庸的人。

（2）追名逐利，不择手段。在牧场里，不谈自己为牧场奉献了多少，而是考虑个人得到多少；不讲业绩，只求索取；为了个人私利，拉关系、搞派系，甚至不惜损害牧场利益。"追名逐利，不择手段"，这样的人，是牧场的寄生虫，是牧场发展的绊脚石和拦路虎。

（3）只要帮助，不讲协助。牧场管理是个闭环，一件工作甚至需要多个部门、许多人参与才能实现。有的人觉得"老子天下第一"，唯我独尊，只有别人帮助他，绝不自己协助人。"只需要帮助，不讲协助"的人，久而久之，会成为"孤家寡人"，没有人去帮助你时，你就会自生自灭。

（4）违背诺言，不讲诚信。不考虑自身条件、能力，上司制订的方案、目标，承诺堪比闪电，执行却漫不经心。说话是巨人，行动是矮子。工作没业绩，找理由、找借口。当今年代，没有诚信，寸步难行。说到做到，还要做出成效，方为言行一致。

四、优秀蓝领必须具备高效执行力

（1）高效执行，没有借口。凡事正面积极，凡事顶峰状态，凡事主动出击，凡事全力以赴；不要被推着走，要主动走，要有舍我其谁的责任心，要有新的绩效思维模式，要有专注目标的定力，要有贯彻到底的坚定意志；高效执行，拒绝借口，执行与服从是蓝领的责任和使命。

（2）凝聚意识，营造团队。团队是一个"家"，没有完美的个人，只有完美的团队。蓝领要融入团队生活，有团队第一、个人第二的思想意识，要尊重关爱团队中心每个成员。

（3）坚持到底，水滴穿石。所有成功的背后，都是痛苦的坚持。面对所有的痛苦，都不轻言放弃。坚持是为商之道，当羡慕别人的收获时，你要明白那都是别人努力用心拼来的。你可以报怨，也可以无视，但记住，努力过后，才有认输的资格。

所以，优秀蓝领就要走出自己划下的疆界，不是"作茧自缚"，而是"破茧而出"。别人能做你不能做，你是个庸人；别人能做你也能做，你是个常人；别人不能做你能做，你是个能人；别人想不到你想到并能做到，你是个人才。

优秀蓝领就是要说到、做到、做对、做好，为事业披荆斩棘、无怨无悔。

第六节 在奶牛养殖中找到快乐的源泉

我出生在湖南永州之野的一个僻静的山村，在湖南的最南端，毗邻广西的全州、灌阳、富川、恭城四县。那时的家乡，蓝蓝的天、白白的云、风吹田野、稻谷飘香。小时候最大的乐趣，就是骑在水牛背上，在水库、溪流、田野嬉戏、朗诵诗歌和吹响竹笛，无忧无虑。每每日落黄昏时，牵着背上驮着草料的牛儿回归家园，也算是过着牧童的生活吧。

从事职业生涯20年后的2014年5月5日，我又被集团公司安排到主持全盘经营管理奶牛养殖的岗位上，是历史的必然抑或返璞归真？小时候想也没想有朝一日还会回到养牛的职业，只不过此牛非彼牛，此时的我再也不是原来的我了。小时候养的牛主要用来耕耘农田，现在的牛主要用来产奶，牛的功能发生了根本性的变化，饲料结构、喂养模式、繁殖模式、管理模式等也是今非昔比。

我学的是人力资源管理，20年的职业生涯也一直从事人力资源管理工作，因此，集团公司把我从人力资源管理者的岗位，换岗到牧业养殖管理岗位，开始时我想不通，但这是命令，作为职业经理人，我必须服从。角色的转换、职责的转换、思维的转换、理念的转换，一开始我也是惊恐万状的。我想，当时除了集团公司副董事长和执行总裁外，所有人都莫名惊诧吧，任命已下，只有迎难而上、逆水行舟。

由开始对奶牛养殖工作的无知（无知到连奶牛有几个胃都不知道）、到知之甚少（原来公牛不产奶，只有母牛才产奶）、到经营管理的精细化运作（各类管理制度、标准、流程、数据的重新建立与完善）、到业绩成效显著（单产提高、质量提升、利润增长，上下形成牢不可破的人生观、价值观、职业观）、到乐在其中（三天不下牧场看看，也要到别的牧场转转）。用逆流而上、力挽狂澜、破茧成蝶、脱胎换骨、凤凰涅槃来比喻，也不为过。享受养牛的乐趣，感受养牛人的心酸，可以说，也算是人生经历的一次重大转变和挑战。

天时、地利、人和，我们不具备天时、地利优势，困难可想而知。但也有很多快乐的事情值得抒写。

我喜欢跟这群养牛人在一起工作、生活、学习，对于我来说，最大的乐趣，就是带着牧业板块管理部、技术部、奶源部管理者深入牧场，察看饲料的安全库存量及储存质量，查看奶牛的采食情况，了解牧场的防疫、繁育、卫生、防暑降温工作，督促做好奶源质量、卫生，检查设施设备是否运营正常。

最好玩的，还是跟场长、主管、班长、技术员们交流，了解他们的各种需求，掌握他们的思想动态，与他们一起劳动、就餐，与管理者和员工喝酒、划拳、打牌。我感觉很快乐，也能从中看出管理者和员工的品格和参与度，是豪气方刚，是缩手缩脚，是桀骜不驯，还是稳健有加。酒品、牌品，也是人品。

目前，几个牧场运营正常，我每周最喜欢做的就是周一召集的"管理者例会"，所有经营问题、管理问题、人员问题、设备问题等，都在例会里一一罗列，重点问题重点分析，特殊问题特殊处理。上周做得好的工作予以表彰，做得不到位的指出改正，通过民主集思广益和头脑风暴，激发潜力，找到突围的办法，列出时间节点，按照轻重缓急，逐一改善，确保每周、每月、每季、每年都有提升。

不以物喜不以己悲，俯仰自如宠辱不惊，我已深深融入集团奶牛养殖这个大家庭、这项大事业里面。带领我的团队，把困难踩在脚下，把牢骚拍在沙滩上，肩负集团公司赋予的历史使命，同心同德、勇于担当，保障集团公司生鲜奶源的充足供应，在国内奶牛养殖界，闯出一条适合自身发展的特色之路，在传承中突破、在突破中创新、在创新中升华。

没有走不通的路，看你怎么走；没有过不去的坎，看你怎么过。把职业当成一种快乐，快乐工作、快乐生活，与牧场同呼吸共命运，这就是幸福。

奶牛养殖事业，让我找到快乐的源泉，我要告诉所有养牛人，奶牛养殖是一项信仰、灵魂、精神、知识、技能结合最完美的事业，虽然不易，值得珍惜。

后　　记

爱·责任·担当

夏天走了，秋天如旧，热浪在牛舍旁翻滚，奶牛站立抑或躺下、呼气抑或吸气的情境，让我刻骨铭心。

有这么一群人，铲料、搅拌、投料、喂养、积肥、冲洗、挤奶、配种、治疗……日复一日，挥汗如雨，在牛舍、在挤奶厅、在饲料库来回穿梭，用双手和信念撑起一片沉重的希望。我凝视那一张张古铜色的脸庞，宛如在阅读澎湃的诗句；我握住那长满老茧的双手，感动的言语在喉咙里翻转。

所有的语言已是多余，握一握手，拍一拍肩，一个拥抱，一杯浊酒，融入我太多的感谢之词。你们的业绩诠释了你们所有的辛劳与汗水，你们的不离不弃正是皇氏所倡导的牧场精神。没有太亮的灯光，蜡烛在闪烁；没有太多的言辞，酒杯在碰撞；那是我们心与心的交融，那是我们爱与爱的传递。

远离城市的喧嚣，养牛人披星戴月坚守一份质朴与纯净。玉米拔节氤氲，蛙声碎落一地，象草在四季的行板上反复被镰刀提起，弯腰或者直立，都是一幅灿烂的风景。历史就是这样写成的，这些默默无闻的养牛人，用丝滑般的牛奶注解着人生的价值与信念。

远离诗歌的日子，我的眼眸满是奶牛。纵然，我无法每天坚守在牧场，但我从养牛人在烈日或风雨中不知疲惫的劳作中，读到了敬业与忠诚。

日复一日，年复一年。青春在牧场闪光，汗水在阳光下折射人生的理想。

太阳落下，月亮升起，当我们在明亮的灯光下品尝美味佳肴时，我们可否想起穿梭在牛栏与挤奶厅忙碌的身影？

没有埋怨，没有懈怠。养牛人眼里满是白花花的牛奶，那才是他们的希望和梦想。养牛人不善言辞，张口闭口都是满含对奶牛的关爱。是的，那是养牛人特有的情感，养牛人用智慧和勤劳诠释着什么叫责任、什么叫感恩。每一个岗位、每一道工序，都能写就一首不朽的诗篇。

我的心早已融入这平凡而骄傲的人群，是这些不知疲惫的养牛人教会我什么叫坚守，什么叫担当。向奶牛致敬！向牛人致敬！

在本书管理工具篇的编写过程中，我参考了皇氏集团股份有限公司牧业公司的相关运作管理文件，同时得到了皇氏集团股份有限公司董事长黄嘉棣先生、副董事长何海晏先生、执行总裁李荣久先生以及皇氏集团牧业公司各部门经理、各牧场场长等的大力支持和帮助，值此出版之际，向他们表示衷心的感谢。

向一直青睐我的管理性文章的《中国奶牛》杂志、《中国乳业》杂志、《奶牛》杂志、《乳业时报》及《荷斯坦微刊》《食悟微刊》的编辑们表示衷心的谢意；向关心、爱护本人的国内奶牛养殖业同行朋友们致以崇高的敬意。

鉴于作者水平有限，书中错误、缺点及不足之处，敬请广大读者批评指正。

黄剑黎

2016 年 11 月 1 日

推荐作者得新书！
博瑞森征稿启事

亲爱的读者朋友：

感谢您选择了博瑞森图书！希望您手中的这本书能给您带来实实在在的帮助！

博瑞森一直致力于发掘好作者、好内容，希望能把您最需要的思想、方法，一字一句地交到您手中，成为专业知识与管理实践的纽带和桥梁。

但是我们也知道，有很多深入企业一线、经验丰富、乐于分享的优秀专家，或者往来奔波没时间，或者缺少专业的写作指导和便捷的出版途径，只能茫然以待……

还有很多在竞争大潮中坚守的企业，有着异常宝贵的实践经验和独特的闪光点，但缺少专业的记录和整理者，无法让企业的经验和故事被更多的人了解、学习、参考……

这些都太遗憾了！

博瑞森非常希望能将这些埋藏的"宝藏"发掘出来，贡献给广大读者，让更多的人得到帮助。

所以，我们真心地邀请您，我们的老读者，帮助我们一起搜寻：

推荐作者。

可以是您自己或您的朋友，只要对本土管理有实践、有思考；可以是您通过网络、杂志、书籍或其他途径了解的某位专家，不管名气大小，只要他的思想和方法曾让您深受启发。

推荐企业。

可以是您自己所在的企业，或者是您熟悉的某家企业，其创业过程、运营经历、产品研发、机制创新，等等。无论企业大小，只要乐于分享、有值得借鉴书写之处。

总之，好内容就是一切！

博瑞森绝非"自费出书"，出版项目费用完全由我们承担。您推荐的作者或企业案例一经采用，我们会立刻向您赠送书币 100 元，可直接换取任何博瑞森图书的纸质版或电子版。

感谢您对本土管理的支持！感谢您对博瑞森图书的帮助！

推荐邮箱：bookgood@126.com　　　推荐手机：13611149991

1120 本土管理实践与创新论坛

这是由 100 多位本土管理专家联合创立的企业管理实践学术交流组织,旨在孵化本土管理思想、促进企业管理实践、加强专家间交流与协作。

论坛每年集中力量办好两件大事:第一,"出一本书",汇聚一年的思考和实践,把最原创、最前沿、最实战的内容集结成册,贡献给读者;第二,"办一次会",每年 11 月 20 日本土管理专家们汇聚一堂,碰撞思想、研讨案例、交流切磋、回馈社会。

论坛理事名单(以年龄为序,以示传承之意)

首届常务理事:

彭志雄	曾 伟	施 炜	杨 涛	张学军	郭 晓
程绍珊	胡八一	王祥伍	李志华	陈立云	杨永华

理　　事:

卢根鑫	王铁仁	周荣辉	曾令同	陆和平	宋杼宸	张国祥	刘承元
曹子祥	宋新宇	吴越舟	吴 坚	戴欣明	仲昭川	刘春雄	刘祖轲
段继东	何 慕	秦国伟	贺兵一	张小虎	郭 剑	余晓雷	黄中强
朱玉童	沈 坤	阎立忠	张 进	丁兴良	朱仁健	薛宝峰	史贤龙
卢 强	史幼波	叶敦明	王明胤	陈 明	岑立聪	方 刚	何足奇
周 俊	杨 奕	孙行健	孙嘉晖	张东利	郭富才	叶 宁	何 屹
沈 奎	王 超	马宝琳	谭长春	夏惊鸣	张 博	李洪道	胡浪球
孙 波	唐江华	程 翔	刘红明	杨鸿贵	伯建新	高可为	李 蓓
王春强	孔祥云	贾同领	罗宏文	史立臣	李政权	余 盛	陈小龙
尚 锋	邢 雷	余伟辉	李小勇	全怀周	初勇钢	陈 锐	高继中
聂志新	黄 屹	沈 拓	徐伟泽	谭洪华	崔自三	王玉荣	蒋 军
侯军伟	黄润霖	金国华	吴 之	葛新红	周 剑	崔海鹏	柏 龑
唐道明	朱志明	曲宗恺	杜 忠	远 鸣	范月明	刘文新	赵晓萌
张 伟	韩 旭	韩友诚	熊亚柱	孙彩军	刘 雷	王庆云	李少星
俞士耀	丁 昀	黄 磊	罗晓慧	伏泓霖	梁小平	鄢圣安	

企业案例·老板传记			
	书名．作者	内容/特色	读者价值
企业案例·老板传记	你不知道的加多宝：原市场部高管讲述 曲宗恺 牛玮娜 著	前加多宝高管解读加多宝	全景式解读，原汁原味
	收购后怎样有效整合：一个重工业收购整合实录 李少星 著	讲述企业并购后的事	语言轻松活泼，对并购后的企业有借鉴作用
	娃哈哈区域标杆：豫北市场营销实录 罗宏文 赵晓萌 等著	本书从区域的角度来写娃哈哈河南分公司豫北市场是怎么进行区域市场营销，成为娃哈哈全国第一大市场、全国增量第一高市场的一些操作方法	参考性、指导性，一线真实资料
	像六个核桃一样：打造畅销品的36个简明法则 王超 范萍 著	本书分上下两篇：包括"六个核桃"的营销战略历程和36条畅销法则	知名企业的战略历程极具参考价值，36条法则提供操作方法
	六个核桃凭什么：从0过100亿 张学军 著	首部全面揭秘养元六个核桃裂变式成长的巨著	学习优秀企业的成长路径，了解其背后的理论体系
	借力咨询：德邦成长背后的秘密 官同良 王祥伍 著	讲述德邦是如何借助咨询公司的力量进行自身与发展的	来自德邦内部的第一线资料，真实、珍贵，令人受益匪浅
	解决方案营销实战案例 刘祖轲 著	用10个真案例讲明白什么是工业品的解决方案式营销，实战、实用	有干货，真正操作过的才能写得出来
	招招见销量的营销常识 刘文新 著	如何让每一个营销动作都直指销量	适合中小企业，看了就能用
	我们的营销真案例 联纵智达研究院 著	五芳斋粽子从区域到全国/诺贝尔瓷砖门店销量提升/利豪家具出口转内销/汤臣倍健的营销模式	选择的案例都很有代表性，实在、实操！
	中国营销战实录：令人拍案叫绝的营销真案例 联纵智达 著	51个案例，42家企业，38万字，18年，累计2000余人次参与……	最真实的营销案例，全是一线记录，开阔眼界
	双剑破局：沈坤营销策划案例集 沈坤 著	双剑公司多年来的精选案例解析集，阐述了项目策划中每一个营销策略的诞生过程，策划角度和方法	一线真实案例，与众不同的策划角度令人拍案叫绝、受益匪浅
	宗：一位制造业企业家的思考 杨涛 著	1993年创业，引领企业平稳发展20多年，分享独到的心得体会	难得的一本老板分享经验的书
	简单思考：AMT咨询创始人自述 孔祥云 著	著名咨询公司（AMT）的CEO创业历程中点点滴滴的经验与思考	每一位咨询人，每一位创业者和管理经营者，都值得一读
	边干边学做老板 黄中强 著	创业20多年的老板，有经验、能写、又愿意分享，这样的书很少	处处共鸣，帮助中小企业老板少走弯路
	三四线城市超市如何快速成长：解密甘雨亭 IBMG国际商业管理集团 著	国内外标杆企业的经验＋本土实践量化数据＋操作步骤、方法	通俗易懂，行业经验丰富，宝贵的行业量化数据，关键思路和步骤
	中国首家未来超市：解密安徽乐城 IBMG国际商业管理集团 著	本书深入挖掘了安徽乐城超市的试验案例，为零售企业未来的发展提供了一条可借鉴之路	通俗易懂，行业经验丰富，宝贵的行业量化数据，关键思路和步骤

互联网+			
书名 . 作者		内容/特色	读者价值
互联网+	互联网时代的银行转型 韩友诚 著	以大量案例形式为读者全面展示和分析了银行的互联网金融转型应对之道	结合本土银行转型发展案例的书籍
	正在发生的转型升级·实践 本土管理实践与创新论坛 著	企业在快速变革期所展现出的管理变革新成果、新方法、新案例	重点突出对于未来企业管理相关领域的趋势研判
	触发需求:互联网新营销样本·水产 何足奇 著	传统产业都在苦闷中挣扎前行,本书通过鲜活的案例告诉你如何以需求链整合供应链,从而把大家熟知的传统行业打碎了重构、重做一遍	全是干货,值得细读学习,并且作者的理论已经经过了他亲自操刀的实践检验,效果惊人,就在书中全景展示
	移动互联新玩法:未来商业的格局和趋势 史贤龙 著	传统商业、电商、移动互联,三个世界并存,这种新格局的玩法一定要懂	看清热点的本质,把握行业先机,一本书搞定移动互联网
	微商生意经:真实再现33个成功案例操作全程 伏泓霖 罗晓慧 著	本书为33个真实案例,分享案例主人公在做微商过程中的经验教训	案例真实,有借鉴意义
	阿里巴巴实战运营——14招玩转诚信通 聂志新 著	本书主要介绍阿里巴巴诚信通的十四个基本推广操作,从而帮助使用诚信通的用户及企业更好地提升业绩	基本操作,很多可以边学边用,简单易学
	今后这样做品牌:移动互联时代的品牌营销策略 蒋军 著	与移动互联紧密结合,告诉你老方法还能不能用,新方法怎么用	今后这样做品牌就对了
	互联网+"变"与"不变":本土管理实践与创新论坛集萃. 2016 本土管理实践与创新论坛 著	本土管理领域正在产生自己独特的理论和模式,尤其在移动互联时代,有很多新课题需要本土专家们一起研究	帮助读者拓宽眼界、突破思维
	创造增量市场:传统企业互联网转型之道 刘红明 著	传统企业需要用互联网思维去创造增量,而不是用电子商务去转移传统业务的存量	教你怎么在"互联网+"的海洋中创造实实在在的增量
	重生战略:移动互联网和大数据时代的转型法则 沈拓 著	在移动互联网和大数据时代,传统企业转型如同生命体打算与再造,称之为"重生战略"	帮助企业认清移动互联网环境下的变化和应对之道
	画出公司的互联网进化路线图:用互联网思维重塑产品、客户和价值 李蓓 著	18个问题帮助企业一步步梳理出互联网转型思路	思路清晰、案例丰富,非常有启发性
	7个转变,让公司3年胜出 李蓓 著	消费者主权时代,企业该怎么办	这就是互联网思维,老板有能这样想,肯定倒不了
	跳出同质思维,从跟随到领先 郭剑 著	66个精彩案例剖析,帮助老板突破行业长期思维惯性	做企业竟然有这么多玩法,开眼界

行业类:零售、白酒、食品/快消品、农业、医药、建材家居等			
	书名·作者	内容/特色	读者价值
零售·超市·餐饮·服装·汽车	**1. 总部有多强大,门店就能走多远** **2. 超市卖场定价策略与品类管理** **3. 连锁零售企业招聘与培训破解之道** **4. 中国首家未来超市:解密安徽乐城** **5. 三四线城市超市如何快速成长:解密甘雨亭** IBMG 国际商业管理集团 著	国内外标杆企业的经验＋本土实践量化数据＋操作步骤、方法	通俗易懂,行业经验丰富,宝贵的行业量化数据,关键思路和步骤
	涨价也能卖到翻 村松达夫 【日】	提升客单价的 15 种实用、有效的方法	日本企业在这方面非常值得学习和借鉴
	移动互联下的超市升级 联商网专栏频道 著	深度解析超市转型升级重点	帮助零售企业把握全局、看清方向
	手把手教你做专业督导:专卖店、连锁店 熊亚柱 著	从督导的职能、作用,在工作中需要的专业技能、方法,都提供了详细的解读和训练办法,同时附有大量的表单工具	无论是店铺需要统一培训,还是个人想成为优秀的督导,有这一本就够了
	零售百货全渠道营销策略 陈继展 著	没有照本宣科、说教式的絮叨,只有笔者对行业的认知与理解,庖丁解牛式的逐项解析、展开	通俗易懂,花极少的时间快速掌握该领域的知识及趋势
	零售:把客流变成购买力 丁昀 著	如何通过不断升级产品和体验式服务来经营客流	如何进行体验营销,国外的好经营,这方面有启发
	餐饮企业经营策略第一书 吴坚 著	分别从产品、顾客、市场、盈利模式等几个方面,对现阶段餐饮企业的发展提出策略和思路	第一本专业的、高端的餐饮企业经营指导书
	赚不赚钱靠店长:从懂管理到会经营 孙彩军 著	通过生动的案例来进行剖析,注重门店管理细节方面的能力提升	帮助终端门店店长在管理门店的过程中实现经营思路的拓展与突破
	汽车配件这样卖:汽车后市场销售秘诀 100 条 俞士耀 著	汽配销售业务员必读,手把手教授最实用的方法,轻松得来好业绩	快速上岗,专业实效,业绩无忧
耐消品	跟行业老手学经销商开发与管理:家电、耐消品、建材家居 黄润霖 著	全部来源于经销商管理的一线问题,作者用丰富的经验将每一个问题落实到最便捷快速的操作方法上去	书中每一个问题都是普通营销人亲口提出的,这些问题你也会遇到,作者进行的解答则精彩实用
白酒	变局下的白酒企业重构 杨永华 著	帮助白酒企业从产业视角看清趋势,找准位置,实现弯道超车的书	行业内企业要减少90%,自己在什么位置,怎么做,都清楚了
	1. 白酒营销的第一本书 **(升级版)** **2. 白酒经销商的第一本书** 唐江华 著	华泽集团湖南开口笑公司品牌部长,擅长酒类新品推广、新市场拓展	扎根一线,实战
	区域型白酒企业营销必胜法则 朱志明 著	为区域型白酒企业提供35 条必胜法则,在竞争中赢销的葵花宝典	丰富的一线经验和深厚积累,实操实用
	10 步成功运作白酒区域市场 朱志明 著	白酒区域操盘者必备,掌握区域市场运作的战略、战术、兵法	在区域市场的攻伐防守中运筹帷幄,立于不败之地

白酒	**酒业转型大时代：微酒精选 2014－2015** 微酒 主编	本书分为五个部分：当年大事件、那些酒业营销工具、微酒独立策划、业内大调查和十大经典案例	了解行业新动态、新观点，学习营销方法
快消品·食品	**乳业营销第一书** 侯军伟 著	对区域乳品企业生存发展关键性问题的梳理	唯一的区域乳品营销书，区域乳品企业一定要看
	食用油营销第一书 余 盛 著	10 多年油脂企业工作经验，从行业到具体实操	食用油行业第一书，当之无愧
	中国茶叶营销第一书 柏 巍 著	如何跳出茶行业"大文化小产业"的困境，作者给出了自己的观察和思考	不是传统做茶的思路，而是现在商业做茶的思路
	调味品营销第一书 陈小龙 著	国内唯一一本调味品营销的书	唯一的调味品营销的书，调味品的从业者一定要看
	快消品营销人的第一本书：从入门到精通 刘 雷 伯建新 著	快消行业必读书，从入门到专业	深入细致，易学易懂
	变局下的快消品营销实战策略 杨永华 著	通胀了，成本增加，如何从被动应战变成主动的"系统战"	作者对快消品行业非常熟悉、非常实战
	快消品经销商如何快速做大 杨永华 著	本书完全从实战的角度，评述现象，解析误区，揭示原理，传授方法	为转型期的经销商提供了解决思路，指出了发展方向
	一位销售经理的工作心得 蒋 军 著	一线营销管理人员想提升业绩却无从下手时，可以看看这本书	一线的真实感悟
	快消品营销：一位销售经理的工作心得2 蒋 军 著	快消品、食品饮料营销的经验之谈，重点图书	来源与实战的精华总结
	快消品营销与渠道管理 谭长春 著	将快消品标杆企业渠道管理的经验和方法分享出来	可口可乐、华润的一些具体的渠道管理经验，实战
	成为优秀的快消品区域经理（升级版） 伯建新 著	用"怎么办"分析区域经理的工作关键点，增加30%全新内容，更贴近环境变化	可以作为区域经理的"速成催化器"
	销售轨迹：一位快消品营销总监的拼搏之路 秦国伟 著	本书讲述了一个普通销售员打拼成为跨国企业营销总监的真实奋斗历程	激励人心，给广大销售员以力量和鼓舞
	快消老手都在这样做：区域经理操盘锦囊 方 刚 著	非常接地气，全是多年沉淀下来的干货，丰富的一线经验和实操方法不可多得	在市场摸爬滚打的"老油条"，那些独家绝招妙招一般你问都是问不来的
	动销四维：全程辅导与新品上市 高继中 著	从产品、渠道、促销和新品上市详细讲解提高动销的具体方法，总结作者18年的快消品行业经验，方法实操	内容全面系统，方法实操
农业	**中国牧场管理实战：畜牧业、乳业必读** 黄剑黎 著	本书不仅提供了来自一线的实际经验，还收入了丰富的工具文档与表单	填补空白的行业必读作品
	中小农业企业品牌战法 韩 旭 著	将中小农业企业品牌建设的方法，从理论讲到实践，具有指导性	全面把握品牌规划，传播推广，落地执行的具体措施
	农资营销实战全指导 张 博 著	农资如何向"深度营销"转型，从理论到实践进行系统剖析，经验资深	朴实、使用！不可多得的农资营销实战指导
	农产品营销第一书 胡浪球 著	从农业企业战略到市场开拓、营销、品牌、模式等	来源于实践中的思考，有启发

农业	变局下的农牧企业9大成长策略 彭志雄 著	食品安全、纵向延伸、横向联合、品牌建设……	唯一的农牧企业经营实操的书,农牧企业一定要看
医药	新医改下的医药营销与团队管理 史立臣 著	探讨新医改对医药行业的系列影响和医药团队管理	帮助理清思路,有一个框架
	医药营销与处方药学术推广 马宝琳 著	如何用医学策划把"平民产品"变成"明星产品"	有真货、讲真话的作者,堪称处方药营销的经典!
	新医改了,药店就要这样开 尚锋 著	药店经营、管理、营销全攻略	有很强的实战性和可操作性
	电商来了,实体药店如何突围 尚锋 著	电商崛起,药店该如何突围?本书从促销、会员服务、专业性、客单价等多重角度给出了指导方向	实战攻略,拿来就能用
	在中国,医药营销这样做:时代方略精选文集 段继东 主编	专注于医药营销咨询15年,将医药营销方法的精华文章合编,深入全面	可谓医药营销领域的顶尖著作,医药界读者的必读书
	OTC医药代表药店销售36计 鄢圣安 著	以《三十六计》为线,写OTC医药代表向药店销售的一些技巧与策略	案例丰富,生动真实,实操性强
	OTC医药代表药店开发与维护 鄢圣安 著	要做到一名专业的医药代表,需要做什么、准备什么、知识储备、操作技巧等	医药代表药店拜访的指导手册,手把手教你快速上手
	引爆药店成交率1:店员导购实战 范月明 著	一本书解决药店导购所有难题	情景化、真实化、实战化
	引爆药店成交率2:经营落地实战 范月明 著	最接地气的经营方法全指导	揭示了药店经营的几类关键问题
	医药企业转型升级战略 史立臣 著	药企转型升级有5大途径,并给出落地步骤及风险控制方法	实操性强,有作者个人经验总结及分析
建材家居	建材家居营销实务 程绍珊、杨鸿贵 主编	价值营销运用到建材家居,每一步都让客户增值	有自己的系统、实战
	建材家居门店销量提升 贾同领 著	店面选址、广告投放、推广助销、空间布局、生动展示、店面运营等	门店销量提升是一个系统工程,非常系统、实战
	10步成为最棒的建材家居门店店长 徐伟泽 著	实际方法易学易用,让员工能够迅速成长,成为独当一面的好店长	只要能坚持这样干,一定能成为好店长
	手把手帮建材家居导购业绩倍增:成为顶尖的门店店员 熊亚柱 著	生动的表现形式,让普通人也能成为优秀的导购员,让门店业绩长红	读着有趣,用着简单,一本在手、业绩无忧
	建材家居经销商实战42章经 王庆云 著	告诉经销商:老板怎么当、团队怎么带、生意怎么做	忠言逆耳,看着不舒服就对了,实战总结,用一招半式就值了
工业品	销售是门专业活:B2B、工业品 陆和平 著	销售流程就应该跟着客户的采购流程和关注点的变化向前推进,将一个完整的销售过程分成十个阶段,提供具体方法	销售不是请客吃饭拉关系,是个专业的活计!方法在手,走遍天下不愁

	书名·作者	内容/特色	读者价值
工业品	解决方案营销实战案例 刘祖轲 著	用10个真案例讲明白什么是工业品的解决方案式营销,实战、实用	有干货、真正操作过的才能写得出来
	变局下的工业品企业7大机遇 叶敦明 著	产业链条的整合机会、盈利模式的复制机会、营销红利的机会、工业服务商转型机会……	工业品企业还可以这样做,思维大突破
	工业品市场部实战全指导 杜 忠 著	工业品市场部经理工作内容全指导	系统、全面、有理论、有方法,帮助工业品市场部经理更快提升专业能力
	工业品营销管理实务 李洪道 著	中国特色工业品营销体系的全面深化、工业品营销管理体系优化升级	工具更实战,案例更鲜活,内容更深化
	工业品企业如何做品牌 张东利 著	为工业品企业提供最全面的品牌建设思路	有策略、有方法、有思路、有工具
	丁兴良讲工业4.0 丁兴良 著	没有枯燥的理论和说教,用朴实直白的语言告诉你工业4.0的全貌	工业4.0是什么?本书告诉你答案
	资深大客户经理:策略准,执行狠 叶敦明 著	从业务开发、发起攻势、关系培育、职业成长四个方面,详述了大客户营销的精髓	满满的全是干货
	一切为了订单:订单驱动下的工业品营销实战 唐道明 著	其实,所有的企业都在围绕着两个字在开展全部的经营和管理工作,那就是"订单"	开发订单、满足订单、扩大订单。本书全是实操方法,字字珠玑、句句干货,教你获得营销的胜利
金融	交易心理分析 (美)马克·道格拉斯 著 刘真如 译	作者一语道破赢家的思考方式,并提供了具体的训练方法	不愧是投资心理的第一书,绝对经典
	精品银行管理之道 崔海鹏 何屹 主编	中小银行转型的实战经验总结	中小银行的教材很多,实战类的书很少,可以看看
	支付战争 Eric M. Jackson 著 徐彬 王晓 译	PayPal创业期营销官,亲身讲述PayPal从诞生到壮大到成功出售的整个历史	激烈、有趣的内幕商战故事!了解美国支付市场的风云巨变
房地产	产业园区/产业地产规划、招商、运营实战 阎立忠 著	目前中国第一本系统解读产业园区和产业地产建设运营的实战宝典	从认知、策划、招商到运营全面了解地产策划
	人文商业地产策划 戴欣明 著	城市与商业地产战略定位的关键是不可复制性,要发现独一无二的"味道"	突破千城一面的策划困局
	电影院的下一个黄金十年:开发·差异化·案例 李保煜 著	对目前电影院市场存大的问题及如何解决进行了探讨与解读	多角度了解电影院运营方式及代表性案例

经营类:企业如何赚钱,如何抓机会,如何突破,如何"开源"

	书名·作者	内容/特色	读者价值
抓方向	让经营回归简单·升级版 宋新宇 著	化繁为简抓住经营本质:战略、客户、产品、员工、成长	经典,做企业就这几个关键点!
	活系统:跟任正非学当老板 孙行健 尹贤 著	以任正非的独到视角,教企业老板如何经营公司	看透公司经营本质,激活企业活力
	公司由小到大要过哪些坎 卢强 著	老板手里的一张"企业成长路线图"	现在我在哪儿,未来还要走哪些路,都清楚了

	书名·作者	内容/特色	读者价值
抓方向	企业二次创业成功路线图 夏惊鸣 著	企业曾经抓住机会成功了,但下一步该怎么办?	企业怎样获得第二次成功,心里有个大框架了
	老板经理人双赢之道 陈明 著	经理人怎养选平台、怎么开局,老板怎样选/育/用/留	老板生闷气,经理人牢骚大,这次知道该怎么办了
	简单思考:AMT 咨询创始人自述 孔祥云 著	著名咨询公司(AMT)的CEO创业历程中点点滴滴的经验与思考	每一位咨询人,每一位创业者和管理经营者,都值得一读
	企业文化的逻辑 王祥伍 黄健江 著	为什么企业绩效如此不同,解开绩效背后的文化密码	少有的深刻,有品质,读起来很流畅
	使命驱动企业成长 高可为 著	钱能让一个人今天努力,使命能让一群人长期努力	对于想做事业的人,'使命'是绕不过去的
思维突破	移动互联新玩法:未来商业的格局和趋势 史贤龙 著	传统商业、电商、移动互联,三个世界并存,这种新格局的玩法一定要懂	看清热点的本质,把握行业先机,一本书搞定移动互联网
	画出公司的互联网进化路线图:用互联网思维重塑产品、客户和价值 李蓓 著	18个问题帮助企业一步步梳理出互联网转型思路	思路清晰、案例丰富,非常有启发性
	重生战略:移动互联网和大数据时代的转型法则 沈拓 著	在移动互联网和大数据时代,传统企业转型如同生命体打算与再造,称之为"重生战略"	帮助企业认清移动互联网环境下的变化和应对之道
	创造增量市场:传统企业互联网转型之道 刘红明 著	传统企业需要用互联网思维去创造增量,而不是用电子商务去转移传统业务的存量	教你怎么在"互联网+"的海洋中创造实实在在的增量
	7个转变,让公司3年胜出 李蓓 著	消费者主权时代,企业该怎么办	这就是互联网思维,老板有能这样想,肯定倒不了
	跳出同质思维,从跟随到领先 郭剑 著	66个精彩案例剖析,帮助老板突破行业长期思维惯性	做企业竟然有这么多玩法,开眼界
	麻烦就是需求 难题就是商机 卢根鑫 著	如何借助客户的眼睛发现商机	什么是真商机,怎么判断、怎么抓,有借鉴
	互联网+"变"与"不变":本土管理实践与创新论坛集萃·2016 本土管理实践与创新论坛 著	加速本土管理思想的孕育诞生,促进本土管理创新成果更好地服务企业、贡献社会	各个作者本年度最新思想,帮助读者拓宽眼界、突破思维
财务	写给企业家的公司与家庭财务规划——从创业成功到富足退休 周荣辉 著	本书以企业的发展周期为主线,写各阶段企业与企业主家庭的财务规划	为读者处理人生各阶段企业与家庭的财务问题提供建议及方法,让家庭成员真正享受财富带来的益处
	互联网时代的成本观 程翔 著	本书结合互联网时代提出了成本的多维观,揭示了多维组合成本的互联网精神和大数据特征,论述了其产生背景、实现思路和应用价值	在传统成本观下为盈利的业务,在新环境下也许就成为亏损业务。帮助管理者从新的角度来看待成本,进一步做好精益管理

管理类:效率如何提升,如何实现经营目标,如何"节流"

	书名·作者	内容/特色	读者价值
通用管理	1. 让管理回归简单·升级版 2. 让经营回归简单·升级版 3. 让用人回归简单 宋新宇 著	宋博士的"简单"三部曲,影响20万读者,非常经典	被读者热情地称作"中小企业的管理圣经"

通用管理	管理:以规则驾驭人性 王春强 著	详细解读企业规则的制定方法	从人与人博弈角度提升管理的有效性
	员工心理学超级漫画版 邢雷 著	以漫画的形式深度剖析员工心理	帮助管理者更了解员工,从而更轻松地管理员工
	分股合心:股权激励这样做 段磊 周剑 著	通过丰富的案例,详细介绍了股权激励的知识和实行方法	内容丰富全面、易读易懂,了解股权激励,有这一本就够了
	边干边学做老板 黄中强 著	创业20多年的老板,有经验、能写、又愿意分享,这样的书很少	处处共鸣,帮助中小企业老板少走弯路
	中国式阿米巴落地实践之从交付到交易 胡八一 著	本书主要讲述阿米巴经营会计,"从交付到交易",这是成功实施了阿米巴的标志	阿米巴经营会计的工作是有逻辑关联的,一本书就能搞定
	集团化企业阿米巴实战案例 初勇钢 著	一家集团化企业阿米巴实施案例	指导集团化企业系统实施阿米巴
	阿米巴经营的中国模式 李志华 著	让员工从"要我干"到"我要干",价值量化出来	阿米巴在企业如何落地,明白思路了
	中国式阿米巴落地实践之激活组织 胡八一 著	重点讲解如何科学划分阿米巴单元,阐述划分的实操要领、思路、方法、技术与工具	最大限度减少"推行风险"和"摸索成本",利于公司成功搭建适合自身的个性化阿米巴经营体系
	欧博心法:好管理靠修行 曾伟 著	用佛家的智慧,深刻剖析管理问题,见解独到	如果真的有'中国式管理',曾老师是其中标志性人物
流程管理	1. 用流程解放管理者 2. 用流程解放管理者2 张国祥 著	中小企业阅读的流程管理、企业规范化的书	通俗易懂,理论和实践的结合恰到好处
	跟我们学建流程体系 陈立云 著	畅销书《跟我们学做流程管理》系列,更实操,更细致,更深入	更多地分享实践,分享感悟,从实践总结出来的方法论
质量管理	五大质量工具详解及运用案例:APQP/FMEA/PPAP/MSA/SPC 谭洪华 著	对制造业必备的五大质量工具中每个文件的制作要求、注意事项、制作流程、成功案例等进行了解读	通俗易懂、简便易行,能真正实现学以致用
	1. ISO9001:2015新版质量管理体系详解与案例文件汇编 2. ISO14001:2015新版环境管理体系详解与案例文件汇编 谭洪华 著	紧密围绕2015新版,逐条详细解读,工具也可以直接套用,易学易上手	企业认证、内审必备
战略落地	重生——中国企业的战略转型 施炜 著	从前瞻和适用的角度,对中国企业战略转型的方向、路径及策略性举措提出了一些概要性的建议和意见	对企业有战略指导意义
	公司大了怎么管:从靠英雄到靠组织 AMT 金国华 著	第一次详尽阐释中国快速成长型企业的特点、问题及解决之道	帮助快速成长型企业领导及管理团队理清思路,突破瓶颈
	低效会议怎么改:每年节省一半会议成本的秘密 AMT 王玉荣 著	教你如何系统规划公司的各级会议,一本工具书	教会你科学管理会议的办法
	年初订计划,年尾有结果:战略落地七步成诗 AMT 郭晓 著	7个步骤教会你怎么让公司制定的战略转变为行动	系统规划,有效指导计划实现

人力资源	回归本源看绩效 孙波 著	让绩效回顾"改进工具"的本源,真正为企业所用	确实是来源于实践的思考,有共鸣
	世界500强资深培训经理人教你做培训管理 陈锐 著	从7大角度具体细致地讲解了培训管理的核心内容	专业、实用、接地气
	曹子祥教你做激励性薪酬设计 曹子祥 著	以激励性为指导,系统性地介绍了薪酬体系及关键岗位的薪酬设计模式	深入浅出,一本书学会薪酬设计
	曹子祥教你做绩效管理 曹子祥 著	复杂的理论通俗化,专业的知识简单化,企业绩效管理共性问题的解决方案	轻松掌握绩效管理
	把招聘做到极致 远鸣 著	作为世界500强高级招聘经理,作者数十年招聘经验的总结分享	带来职场思考境界的提升和具体招聘方法的学习
	人才评价中心·超级漫画版 邢雷 著	专业的主题,漫画的形式,只此一本	没想到一本专业的书,能写成这效果
	走出薪酬管理误区 全怀周 著	剖析薪酬管理的8大误区,真正发挥好枢纽作用	值得企业深读的实用教案
	集团化人力资源管理实践 李小勇 著	对搭建集团化的企业很有帮助,务实,实用	最大的亮点不是理论,而是结合实际的深入剖析
	我的人力资源咨询笔记 张伟 著	管理咨询师的视角,思考企业的HR管理	通过咨询师的眼睛对比很多企业,有启发
	本土化人力资源管理8大思维 周剑 著	成熟HR理论,在本土中小企业实践中的探索和思考	对企业的现实困境有真切体会,有启发
企业文化	HRBP是这样炼成的之"菜鸟起飞" 新海 著	以小说的形式,具体解析HRBP的职责,应该如何操作,如何为业务服务	实践者的经验分享,内容实务具体,形式有趣
	华夏基石方法:企业文化落地本土实践 王祥伍 谭俊峰 著	十年积累、原创方法、一线资料,和盘托出	在文化落地方面真有洞察,有实操价值的书
	企业文化的逻辑 王祥伍 著	为什么企业之间如此不同,解开绩效背后的文化密码	少有的深刻,有品质,读起来很流畅
	企业文化激活沟通 宋杼宸 安琪 著	透过新任HR总经理的眼睛,揭示出沟通与企业文化的关系	有实际指导作用的文化落地读本
	在组织中绽放自我:从专业化到职业化 朱仁健 王祥伍 著	个人如何融入组织,组织如何助力个人成长	帮助企业员工快速认同并投入到组织中去,为企业发展贡献力量
	企业文化定位·落地一本通 王明胤 著	把高深枯燥的专业理论创建成一套系统化、实操化、简单化的企业文化缔造方法	对企业文化不了解,不会做?有这一本从概念到实操,就够了
生产管理	看懂精益5S的300张现场图 乐涛 编著	5S现场实操详解	案例图解,易懂易学
	高员工流失率下的精益生产 余伟辉 著	中国的精益生产必须面对和解决高员工流失率问题	确实来源于本土的工厂车间,很务实
	车间人员管理那些事儿 岑立聪 著	车间人员管理中处理各种"疑难杂症"的经验和方法	基层车间管理者最闹心、头疼的事,'打包'解决

生产管理	1. 欧博心法:好管理靠修行 2. 欧博心法:好工厂这样管 曾伟 著	他是本土最大的制造业管理咨询机构创始人,他从400多个项目、上万家企业实践中锤炼出的欧博心法	中小制造型企业,一定会有很强的共鸣
	欧博工厂案例1:生产计划管控对话录 欧博工厂案例2:品质技术改善对话录 欧博工厂案例3:员工执行力提升对话录 曾伟 著	最典型的问题、最详尽的解析,工厂管理9大问题27个经典案例	没想到说得这么细,超出想象,案例很典型,照搬都可以了
	苦中得乐:管理者的第一堂必修课 曾伟 编著	曾伟与师傅大愿法师的对话,佛学与管理实践的碰撞,管理禅的修行之道	用佛学最高智慧看透管理
	比日本工厂更高效1:管理提升无极限 刘承元 著	指出制造型企业管理的六大积弊;颠覆流行的错误认知;掌握精益管理的精髓	每一个企业都有自己不同的问题,管理没有一剑封喉的秘笈,要从现场、现物、现实出发
	比日本工厂更高效2:超强经营力 刘承元 著	企业要获得持续盈利,就要开源和节流,即实现销售最大化,费用最小化	掌握提升工厂效率的全新方法
	比日本工厂更高效3:精益改善力的成功实践 刘承元 著	工厂全面改善系统有其独特的目的取向特征,着眼于企业经营体质(持续竞争力)的建设与提升	用持续改善力来飞速提升工厂的效率,高效率能够带来意想不到的高效益
	3A顾问精益实践1:IE与效率提升 党新民 苏迎斌 蓝旭日 著	系统的阐述了IE技术的来龙去脉以及操作方法	使员工与企业持续获利
	3A顾问精益实践2:JIT与精益改善 肖志军 党新民 著	只在需要的时候,按需要的量,生产所需的产品	提升工厂效率
员工素质提升	手把手教你做专业督导:专卖店、连锁店 熊亚柱 著	从督导的职能、作用,在工作中需要的专业技能、方法,都提供了详细的解读和训练办法,同时附有大量的表单工具	无论是店铺需要统一培训,还是个人想成为优秀的督导,有这一本就够了
	跟老板"偷师"学创业 吴江萍 余晓雷 著	边学边干,边观察边成长,你也可以当老板	不同于其他类型的创业书,让你在工作中积累创业经验,一举成功
	销售轨迹:一位快消品营销总监的拼搏之路 秦国伟 著	本书讲述了一个普通销售员打拼成为跨国企业营销总监的真实奋斗历程	激励人心,给广大销售员以力量和鼓舞
	在组织中绽放自我:从专业化到职业化 朱仁健 王祥伍 著	个人如何融入组织,组织如何助力个人成长	帮助企业员工快速认同并投入到组织中去,为企业发展贡献力量
	企业员工弟子规:用心做小事,成就大事业 贾同领 著	从传统文化《弟子规》中学习企业中为人处事的办法,从自身做起	点滴小事,修养自身,从自身的改善得到事业的提升
	手把手教你做顶尖企业内训师:TTT培训师宝典 熊亚柱 著	从课程研发到现场把控、个人提升都有涉及,易读易懂,内容丰富全面	想要做企业内训师的员工有福了,本书教你如何抓住关键,从入门到精通

营销类:把客户需求融入企业各环节,提供"客户认为"有价值的东西			
	书名/作者	内容/特色	读者价值
营销模式	洞察人性的营销战术:沈坤教你28式 沈坤 著	28个匪夷所思的营销怪招令人拍案叫绝,涉及商业竞争的方方面面,大部分战术可以直接应用到企业营销中	各种谋略得益于作者的横向思维方式,将其操作过的案例结合其中,提供的战术对读者有参考价值
	动销操盘:节奏掌控与社群时代新战法 朱志明 著	在社群时代把握好产品生产销售的节奏,解析动销的症结,寻找动销的规律与方法	都是易读易懂的干货!对动销方法的全面解析和操盘
	变局下的营销模式升级 程绍珊 叶宁 著	客户驱动模式、技术驱动模式、资源驱动模式	很多行业的营销模式被颠覆,调整的思路有了!
	卖轮子 科克斯【美】	小说版的营销学!营销理念巧妙贯穿其中,贵在既有趣,又有深度	经典、有趣!一个故事读懂营销精髓
	弱势品牌如何做营销 李政权 著	中小企业虽有品牌但没名气,营销照样能做的有声有色	没有丰富的实操经验,写不出这么具体、详实的案例和步骤,很有启发
	老板如何管营销 史贤龙 著	高段位营销16招,好学好用	老板能看,营销人也能看
营销模式	动销:产品是如何畅销起来的 吴江萍 余晓雷 著	真真切切告诉你,产品究竟怎么才能卖出去	击中痛点,提供方法,你值得拥有
	资深大客户经理:策略准,执行狠 叶敦明 著	从业务开发、发起攻势、关系培育、职业成长四个方面,详述了大客户营销的精髓	满满的全是干货
	成为资深的销售经理:B2B、工业品 陆和平 著	围绕"销售管理的六个关键控制点"——展开,提供销售管理的专业、高效方法	方法和技术接地气,拿来就用,从销售员成长为经理不再犯难
	销售是门专业活:B2B、工业品 陆和平 著	销售流程就应该跟着客户的采购流程和关注点的变化向前推进,将一个完整的销售过程分成十个阶段,提供具体方法	销售不是请客吃饭拉关系,是个专业的活计!方法在手,走遍天下不愁
	向高层销售:与决策者有效打交道 贺兵一 著	一套完整有效的销售策略	有工具,有方法,有案例,通俗易懂
	卖轮子 科克斯 【美】	小说版的营销学!营销理念巧妙贯穿其中,贵在既有趣,又有深度	经典、有趣!一个故事读懂营销精髓
	学话术 卖产品 张小虎 著	分析常见的顾客异议,将优秀的话术模块化	让普通导购员也能成为销售精英
组织和团队	升级你的营销组织 程绍珊 吴越舟 著	用"有机性"的营销组织替代"营销能人",营销团队变成"铁营盘"	营销队伍最难管,程老师不愧是营销第1操盘手,步骤方法都很成熟
	用数字解放营销人 黄润霖 著	通过量化帮助营销人员提高工作效率	作者很用心,很好的常备工具书
	成为优秀的快消品区域经理(升级版) 伯建新 著	用"怎么办"分析区域经理的工作关键点,增加30%全新内容,更贴近环境变化	可以作为区域经理的"速成催化剂"
	一位销售经理的工作心得 蒋军 著	一线营销管理人员想提升业绩却无从下手时,可以看看这本书	一线的真实感悟

组织和团队	快消品营销：一位销售经理的工作心得2 蒋　军　著	快消品、食品饮料营销的经验之谈，重点突出	来源于实战的精华总结
	销售轨迹：一位快消品营销总监的拼搏之路 秦国伟　著	本书讲述了一个普通销售员打拼成为跨国企业营销总监的真实奋斗历程	激励人心，给广大销售员以力量和鼓舞
	用营销计划锁定胜局：用数字解放营销人2 黄润霖　著	全方位教你怎么做好营销计划，好学好用真简单	照搬套用就行，做营销计划再也不头疼
	快消品营销人的第一本书：从入门到精通 刘　雷　伯建新　著	快消行业必读书，从入门到专业	深入细致，易学易懂
产品	产品炼金术Ⅰ：如何打造畅销产品 史贤龙　著	满足不同阶段、不同体量、不同行业企业对产品的完整需求	必须具备的思维和方法，避免在产品问题上走弯路
	产品炼金术Ⅱ：如何用产品驱动企业成长 史贤龙　著	做好产品、关注产品的品质，就是企业成功的第一步	必须具备的思维和方法，避免在产品问题上走弯路
	新产品开发管理，就用IPD 郭富才　著	10年IPD研发管理咨询总结，国内首部IPD专业著作	一本书掌握IPD管理精髓
品牌	中小企业如何建品牌 梁小平　著	中小企业建品牌的入门读本，通俗、易懂	对建品牌有了一个整体框架
	采纳方法：破解本土营销8大难题 朱玉童　编著	全面、系统、案例丰富、图文并茂	希望在品牌营销方面有所突破的人，应该看看
	中国品牌营销十三战法 朱玉童　编著	采纳20年来的品牌策划方法，同时配有大量的案例	众包方式写作，丰富案例给人启发，极具价值
	今后这样做品牌：移动互联时代的品牌营销策略 蒋军　著	与移动互联紧密结合，告诉你老方法还能不能用，新方法怎么用	今后这样做品牌就对了
	中小企业如何打造区域强势品牌 吴之　著	帮助区域的中小企业打造自身品牌，如何在强壮自身的基础上往外拓展	梳理误区，系统思考品牌问题，切实符合中小区域品牌的自身特点进行阐述
渠道通路	快消品营销与渠道管理 谭长春　著	将快消品标杆企业渠道管理的经验和方法分享出来	可口可乐、华润的一些具体的渠道管理经验，实战
	传统行业如何用网络拿订单 张　进　著	给老板看的第一本网络营销书	适合不懂网络技术的经营决策者看
	采纳方法：化解渠道冲突 朱玉童　编著	系统剖析渠道冲突，21个渠道冲突案例、情景式讲解，37篇讲义	系统、全面
	学话术　卖产品 张小虎　著	分析常见的顾客异议，将优秀的话术模块化	让普通导购员也能成为销售精英
	向高层销售：与决策者有效打交道 贺兵一　著	一套完整有效的销售策略	有工具，有方法，有案例，通俗易懂
	通路精耕操作全解：快消品20年实战精华 周　俊　陈小龙　著	通路精耕的详细全解，每一步的具体操作方法和表单全部无保留提供	康师傅二十年的经验和精华，实践证明的最有效方法，教你如何主宰通路

管理者读的文史哲·生活

	书名.作者	内容/特色	读者价值
思想·文化	众生相 仲昭川 著	《互联网黑洞》作者仲昭川的随笔集——纵横宇宙生命,无言参万相。透视各色脸谱,一语破天机	商场或情场的顺心法宝,修道或混世的开悟按钮
	每个中国人身上的春秋基因 史贤龙 著	春秋368年(公元前770－公元前403年),每一个中国人都可以在这段时期的历史中找到自己的祖先,看到真实发生的事件,同时也看到自己	长情商、识人心
	内功太极拳训练教程 王铁仁 编著	杨式(内功)太极拳(俗称老六路)的详细介绍及具体修炼方法,身心的一次升华	书中含有大量图解并有相关视频供读者同步学习
	中医治心脏病 马宝琳 著	引用众多真实案例,客观真实地讲述了中西医对于心脏病的认识及治疗方法	看完这本书,能为您节约10万元医药费
	易经系辞大义 史幼波 著	结合人类社会的各种现象和人与人之间的复杂关系,系统阐述了《系辞》中蕴含的丰富思想	轻松掌握传统智慧精髓,从而达到修身养性的目的
	史幼波中庸讲记(上下册) 史幼波 著	全面、深入浅出地揭示儒家中庸文化的真谛	儒释道三家思想融汇贯通
	史幼波心经讲记(上下册) 史幼波 著	句句精讲,句句透彻,佛法经典的多角度阐释	通俗易懂,将深刻的教理以浅显的语言讲出来
	史幼波大学讲记 史幼波 著	用儒释道的观点阐释大学的深刻思想	一本书读懂传统文化经典
	史幼波《周子通书》《太极图说》讲记 史幼波 著	把形而上的宇宙、天地,与形而下的社会、人生、经济、文化等融合在一起	将儒家的一整套学修系统融合起来